HANS ACHIM GRUBE
HG | ED

NEW POWER

TRANSFORMING THE ELECTROPOLIS
ELEKTROPOLIS IM WANDEL

JOVIS

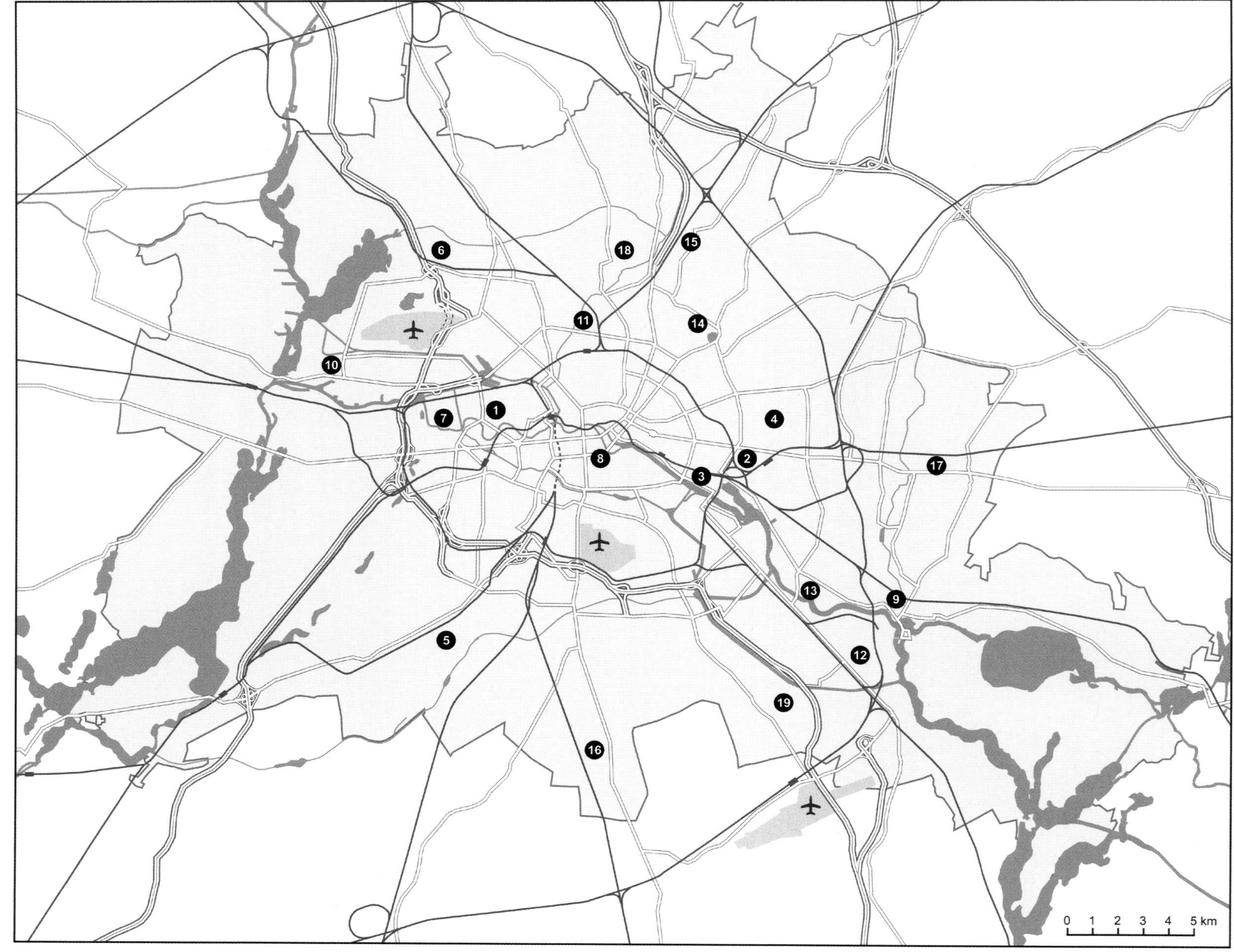

Berlin: Lage der Bauten Position of the buildings

Auf dieser Karte sind alle im Buch beschriebenen Bauten verzeichnet; die Nummerierung entspricht der Aufführung im nebenstehenden Inhaltsverzeichnis. Alle Werke dienten dem Transport und der Verteilung des in den Kraftwerken erzeugten elektrischen Stroms zu den Kunden im Stadtgebiet. Diese weit gefächerte Verteilungsstruktur hat sich im Lauf der vergangenen 100 Jahre immer weiter ausgedehnt und ausdifferenziert. Dabei wechselten die Werke oftmals den Namen, sowohl in der Kennzeichnung ihrer Funktion als auch in der Bezeichnung ihrer örtlichen Lage.
Zur Vereinheitlichung werden in diesem Buch die Werke durchgängig im derzeit gebräuchlichen Terminus technicus geführt. Als **Umspannwerke** werden demnach Gebäude bezeichnet, die der Transformation der Spannung des von den Kraftwerken gelieferten Stroms dienten. Über **Schalthäuser** und -anlagen wurde der in den Transformatorenkammern umgespannte Strom in das weit gefächerte Netz im Versorgungsgebiet eingespeist. **Stützpunkte** sorgten als Knotenpunkte in der Verteilungsstruktur für die Weiterleitung bis zu den **Netzstationen**, in denen der Strom auf die gebräuchliche Haushaltsspannung transformiert wurde. Die Umformung des Drehstroms in Gleichstrom, wie ihn beispielsweise die Straßenbahnen benötigen, erfolgte in **Gleichrichter-** und **Umformwerken**, die oftmals direkt von den Umspannwerken versorgt wurden.

All the buildings described in the book are marked on this map; the numbers correspond to their listing in the adjacent index. They all served to transport and distribute the electric current that was produced in power stations to customers within the city. This branching distribution structure constantly expanded and became more differentiated over the course of the past century. In the process, developing definitions of the works' functions and references to location often led to alterations in their names.
For the purpose of standardisation, the works in this publication will all be listed under the technical term currently in use. The term **transformer station** will thus be used to apply to buildings in which the voltage of the electric current supplied by power stations was transformed. Via **switching houses** and installations, the current converted in the transformer cells was fed into the extensive network within the supply area. **Base stations** functioned as cross-points in the distribution structure, from which current was transmitted on to the net stations. Here it was converted into the voltage commonly used in private households. The conversion of this alternating current into continuous current – required by the trams, for instance – took place in **rectifier** and **converter plants**, which were often supplied directly by the transformer stations.

Inhalt
Contents

Neue Kraft – Elektropolis im Wandel
New Power – Transforming the Electropolis

Ingeborg Junge-Reyer, Senatorin für Stadtentwicklung und Bürgermeisterin von Berlin
Senator for Urban Development and Mayor of Berlin

Elektrizität war einst ein Zauberwort, das Berlin auf seinem Weg zur Metropole begleitete. 1884 gründete die AEG die „Städtischen Electrizitätswerke Aktiengesellschaft Berlin", die 1923 in Bewag umbenannt wurden. Das am 1. Januar 2006 in Vattenfall Europe aufgegangene Unternehmen Bewag gehört also zu den „Traditionsposten" Berlins. Im öffentlichen Bewusstsein war „die Bewag" stets präsent. Das liegt nicht nur daran, dass der Alltag in einer Großstadt ohne elektrischen Strom nicht denkbar wäre. Es liegt ganz entscheidend auch an den Bauten, die die Bewag überall in der Stadt errichten ließ und die bis heute für alle sichtbar sind. Zu den architektonischen Erkennungszeichen der Berliner Stromwirtschaft zählen vor allem die zwischen den Kriegen entstandenen technischen Bauwerke von Hans Heinrich Müller. Seit 1924 entstanden nach Entwürfen des Bewag-Architekten Müller eine Fülle von Ab- und Umspannwerken, von Kraftwerken, Gleichrichter- und Schaltwerken, die das Stadtbild noch heute durch ihre abwechslungsreiche und immer überaus ästhetische Gestaltung bereichern.

Die Bewag als Auftraggeber und Hans Heinrich Müller als Entwerfer waren ein Glücksfall für Berlin. Wer zum ersten Mal in ein historisches Umspannwerk eintreten darf, ist regelrecht ergriffen von der Schönheit mancher Räume, speziell der Warten und der Treppenhäuser. Obwohl als reine Nutzräume gedacht, in denen nicht einmal viele Beschäftigte unterwegs waren, wurden sie vom Auftraggeber und vom Architekten auf das Anspruchsvollste gestaltet. Raumkomposition, Detailgestaltung, Materialverwendung – alles atmet Schönheit, Qualität, Anspruch. Die Bewag war sich immer der architektonisch-künstlerischen und industrie- und technikhistorischen Bedeutung ihres Erbes bewusst und ließ ihre Bauten kontinuierlich pflegen und instand halten. Deshalb sind sie alle noch immer in ausgezeichnetem Zustand. Diese Bauten gehören zu den exquisitesten Technikdenkmalen Berlins und begründen seinen Ruf als „Elektropolis". Sie sind heute Landmarken in ihrer Umgebung; viele stehen seit Jahren unter Denkmalschutz. Beim Tag des offenen Denkmals sind die Führungen durch die Monumente der Elektrotechnik jedes Jahr aufs Neue frühzeitig ausgebuchte Highlights.

Inzwischen sind viele dieser Um- und Abspannwerke für die moderne Stromversorgung Berlins nicht mehr erforderlich. Bereits in den 90er Jahren ergriff die Bewag deshalb die Initiative, um in enger Abstimmung mit der Berliner Denkmalpflege Konzepte zur Nachnutzung zu finden, die denkmalverträglich und wirtschaftlich sinnvoll sind. Auf diesem Weg der praktizierten Nachhaltigkeit konnte die Bewag bereits vielbeachtete Erfolge verbuchen: So zum Beispiel den Umbau des ehemaligen Abspannwerks in der Leibnizstraße, das zum „MetaHaus" für Design und Kommunikation umgestaltet wurde, oder auch die Umnutzung des Werkes am Paul-Lincke-Ufer in Kreuzberg, wo nun Platz ist für ein Restaurant, für kulturelle Veranstaltungen und für Arbeitsplätze im Bereich der Neuen Medien.

Diese Erfolge fielen der Bewag nicht in den Schoß, sie sind vielmehr das Resultat eines vorausschauenden und kreativen Immobilienmanagements. Die Bewag entwickelte Erhaltungs- und

At one time, electricity was a magic word that facilitated Berlin's development into a metropolis. In 1884, the AEG founded the "Städtische Electrizitätswerke Aktiengesellschaft Berlin" (Municipal Electricity Works Corporation), which was renamed Bewag in 1923. The Bewag Concern, therefore, which was absorbed into Vattenfall Europe on 1st January 2006, could be described as one of Berlin's "traditional items". The population was constantly aware of "the Bewag", not only because everyday life in a big city would be inconceivable without electric power. Certainly, this awareness was also due to the buildings that Bewag had constructed all over the city; buildings still visible to us all today. The most distinctive architectonic evidence of the electricity industry in Berlin includes the technical buildings designed by Hans Heinrich Müller, erected between the wars. From 1924 onwards, designs by the Bewag's architect Müller formed the basis for a large number of transformer stations, power stations, rectifier and switching plants, the diverse, extremely aesthetic designs of which still enhance the city's skyline today.

Bewag as a client and Hans Heinrich Müller as an architect represented a stroke of luck for Berlin. Anyone permitted to enter a historic transformer station for the first time is moved by the beauty of some parts, in particular of the control rooms and stairwells. Although conceived as purely functional spaces where not even many employees worked, both the client and the architect designed them in the most discerning manner. The composition of space, design of details, and use of materials – all of this exudes beauty, quality and pretensions. Always aware of this legacy, the Bewag saw the importance of its buildings as architectonic art and industrial, technical history as a reason to conserve and maintain them regularly. That is why they are all still in excellent condition. These buildings are among the most exquisite technical monuments in Berlin and the foundation of the city's reputation as an "Electropolis". Today they have become landmarks amidst their surroundings; many have been listed for several years. On the city's open day for monuments, guided tours through these monuments of electrical engineering are always a highlight, fully-booked well in advance every year.

In the meantime, many of the transformer stations have become redundant to a modern supply of electricity in Berlin. During the 90s, therefore, the Bewag – in close agreement with the Berlin authorities for the conservation of monuments – already took the initiative in a search for concepts of re-use that were financially viable and yet suitable for listed monuments. Adopting this policy of practised sustainability, the Bewag was able to chalk up some much-acclaimed successes: they include the conversion of the former transformer station in Leibnizstraße into the "MetaHaus" for design and communication, or the re-use of the station on Paul-Lincke-Ufer in Kreuzberg, where space has been created for a restaurant, cultural events and workplaces in the field of new media.

Such success did not fall into the Bewag's lap; it is the outcome of a forward-looking, creative property management policy. The Bewag developed preservation and development concepts that

Berliner Traditionsstandorte mit Umnutzungspotentialen – Kraftwerk Charlottenburg und Kraftwerk West
Traditional Berlin locations with potentials for re-use – Power Station Charlottenburg and Power Station West

Entwicklungskonzepte, die sowohl dem hohen gestalterischen und denkmalpflegerischen Niveau dieser Bauwerke entsprachen als auch technisch und wirtschaftlich realisierungsfähig waren. Es ist ganz bezeichnend, dass es gerade Unternehmen aus der Kreativwirtschaft verstärkt in die alten Bau- und Technikdenkmale zog – weil diese so handfest, so sinnlich und dauerhaft sind und als hervorragende Architektur eben zeitlos. Sie bieten die Möglichkeit, ganz individuelle „Locations" mit einer unverwechselbaren Atmosphäre zu schaffen. Kluge Unternehmen wissen das als Marketingvorteil sehr zu schätzen! Die umgebenden Stadtviertel beeinflussen diese wiederbelebten Bauten mit ihrer positiven Energie.
Bei jungen Planern viel Anklang fanden auch studentische Ideenwettbewerbe, die die Bewag zusammen mit dem Landesdenkmalamt Berlin und Laufwerk B initiierte und die heute durch Vattenfall Europe weitergeführt werden. Dazu stiftete sie den Hans-Heinrich-Müller-Preis. Die studentischen Konzepte zeigen eine Vielfalt von Möglichkeiten auf, die Mut machen und beweisen, dass auch bei funktionslos gewordenen Industriedenkmalen der Abriss die schlechteste aller Alternativen ist.
Für die mustergültige Fassadensanierung des Shell-Hauses von Emil Fahrenkamp und für ihr vorausschauendes Immobilienmarketing – genauer: Denkmalmarketing – wurde die Bewag im Jahr 2000 auf Vorschlag des Landesdenkmalamts Berlin von der Senatsverwaltung für Stadtentwicklung mit der Ferdinand-von-Quast-Medaille ausgezeichnet. In der Urkunde heißt es: „Mit kreativer Energie und dem Mut, neue Wege zu beschreiten, setzt die Bewag damit ein Zeichen, wie im nachindustriellen Zeitalter mit funktionslos gewordenen Produktions- und Technikdenkmalen nachhaltig und denkmalgerecht umgegangen werden kann. Ihr denkmalpflegerisches Engagement kann als Vorbild für den Schutz und die Pflege von Denkmalen in der Hand eines Unternehmens gelten." Diese Aussage kann man noch immer so stehen lassen. Ich freue mich, dass der neue Eigentümer Vattenfall Europe sich zu der großartigen Tradition und Baukultur seines Berliner Hauses bekennt und die bewährte Kooperation mit der Berliner Denkmalpflege fortführen will.

were commensurate to these buildings' high standard of design and conservation requirements, but were also technically and economically realisable. Significantly, many businesses from the creative industries have moved willingly into the old architectural monuments, because they are so sturdy, sensual and enduring, and – as outstanding architecture – simply timeless. They offer opportunities to create very individual locations with an unmistakeable atmosphere, and clever companies appreciate this as a marketing advantage! The positive energy of such revitalised buildings also influences the surrounding urban areas.
Student competitions for ideas – a cooperative initiative between the Bewag, the State Office for the Protection of Monuments in Berlin and Laufwerk B, and continued by Vattenfall Europe – have met with a very positive response among young planners. In this context, Vattenfall has endowed the Hans Heinrich Müller Award. The student concepts cover a wide range of inspiring possibilities, demonstrating that demolition is always the worst of all alternatives, even when industrial monuments have outlived their function.
In 2000, upon the suggestion of the State Office for the Protection of Monuments, the Bewag was awarded the Ferdinand von Quast Medal by the Senate Administration for Urban Development for its exemplary restoration of the facade of the Shell House by Emil Fahrenkamp and its foresighted property marketing – or more precisely: its marketing of monuments. To quote the certificate: "Demonstrating creative energy and the courage to adopt new approaches, the Bewag shows how monuments of production and technology that have become redundant in the post-industrial age may be handled in an enduring, suitable way. Its commitment to the preservation of monuments may be regarded as a model for the conservation of monuments owned by an industrial concern." Today, this statement can still be taken as read. I am delighted that the new owner, Vattenfall Europe, is standing by the outstanding tradition and architectural culture of its Berlin company, maintaining the latter's tried-and-trusted collaboration with the Berlin Office for the Protection of Monuments.

Nicht betriebsnotwendig
Not Required for Operations

Hans-Jürgen Meyer, Vattenfall Europe AG
Hans Achim Grube, Vattenfall Europe Berlin AG & Co. KG

1999 hat die damalige Bewag in Zusammenarbeit mit dem Landesdenkmalamt und Professor Dr. Paul Kahlfeldt eine erste Dokumentation zu denkmalgeschützten Gebäuden der Elektropolis Berlin herausgegeben. Dokumentiert und präsentiert wurden zwölf Umspannwerke, die der damalige Bewag-Chefarchitekt Hans Heinrich Müller zwischen 1925 und 1933 für den Berliner Energieversorger Bewag errichtete.
Die vorgestellten Immobilien waren durch die technische Weiterentwicklung und Systemerneuerung außer Betrieb genommen worden und daher „nicht betriebsnotwendige Immobilien". Die als Denkmaldokumentation gedachte Publikation entwickelte sich innerhalb kurzer Zeit auch zum Marketinginstrument, mit dem Nutzer und Käufer für die dargestellten Immobilien gewonnen wurden. Innerhalb weniger Jahre wurden fast alle Gebäude neuen Nutzungen zugeführt:

Umspannwerk Leibniz
Das ehemalige Umspannwerk Leibniz war das erste Gebäude, welches nach dem neuen Immobilienkonzept veräußert wurde. Nach Planungen von Kahlfeldt Architekten wurde es unter dem Namen MetaHaus als Büro- und Kreativstandort bekannt.

Umspannwerk Kottbusser Ufer
1999 verkaufte die Bewag das Umspannwerk in Kreuzberg an die Projektentwicklungsgesellschaft Wabebau, Herrn Reinhold Wagner. Mit dem Umbau wurde in direkter Lage am Paul-Lincke-Ufer ein moderner Bürostandort mit Restaurant und Veranstaltungsräumen geschaffen.

Umspannwerk Kreuzberg
Ebenfalls von Wabebau wird das ehemalige Umspannwerk Kreuzberg in einem Blockinnenbereich an der Bergmannstraße zum Grundstücks- und Dienstleistungsstandort ausgebaut. Dabei wird auch die bestehende Baulücke an der Straße durch einen Neubau geschlossen.

Stützpunkt Neukölln
Als drittes Objekt der Projektentwicklungsgesellschaft Wabebau soll der ehemalige Stützpunkt Neukölln in der Richardstraße revitalisiert werden. Er bietet ein erhebliches Potential für außergewöhnliche Wohn- und Gewerbelofts.

Stützpunkt Zeppelin
Der ehemalige Stützpunkt wurde nach 1999/2000 nach Plänen von Kahlfeldt Architekten in ein Atelierhaus mit großzügigen Wohnlofts umgebaut.

Umspannwerk Buchhändlerhof
2001 kaufte der IT-Dienstleister SPM das unter Denkmalschutz stehende „E-Werk" und baute es bis 2006 zum Büro- und Veranstaltungsstandort aus. SPM ist mittlerweile in das Software-Haus SAP integriert. Die Veranstaltungsräume im Erdgeschoss und auf der Dachterrasse sind eine Top-Location in Berlin.

In 1999, what was then Bewag published a first documentation of the listed buildings of the Electropolis Berlin in collaboration with the State Office for the Preservation of Monuments and Professor Dr. Paul Kahlfeldt. The publication documented and presented twelve transformer stations which Bewag's chief architect at the time, Hans Heinrich Müller, had built for the Berlin power concern Bewag between 1925 and 1933.
The properties presented had been closed down due to advanced technical development and modernisation of the system and were thus known as "property not required for operations". The book had been intended as a documentation of listed buildings, but it soon developed into a marketing instrument as well, helping as it did to find users and buyers for the properties depicted. Within a few years, almost all the buildings had been recycled for new use:

Transformer Station Leibniz
The former transformer station Leibniz was the first building to be sold according to the new concept for real estate. After the realisation of plans by Kahlfeldt Architects, it has become a notable location for offices and creative industry known as the MetaHaus.

Transformer Station Kottbusser Ufer
The Bewag sold this transformer station in Kreuzberg to the project development company Wabebau, Mr. Reinhold Wagner, in 1999. After conversion, the company created a modern office location with restaurant and events rooms directly on Paul-Lincke-Ufer.

Transformer Station Kreuzberg
Wabebau is also converting the former transformer station Kreuzberg, situated within a block on Bergmannstraße, into a property and services location. The existing gap in buildings facing onto the street will be closed by a new building.

Base Station Neukölln
The former Neukölln base station in Richardstraße is the third object to be given a new lease of life by the project development company. It offers considerable potential for unusual residential and commercial lofts.

Base Station Zeppelin
In 1999/2000, the former base station was converted into a studio house with spacious residential lofts on the basis of plans by Kahlfeldt Architects

Transformer Station Buchhändlerhof
The IT service provider SPM acquired the listed "E-Werk" in 2001 and had converted it into an events and office location by 2006. SPM has now been integrated into the software company SAP. The events rooms on the ground floor and the roof terrace are a top location in Berlin.

Kahlfeldt Architekten: Vattenfall-Vertriebsstandort im Umspannwerk Scharnhorst
Kahlfeldt Architects: Vattenfall sales location in the Transformer Station Scharnhorst

Umspannwerk Scharnhorst
Von 2004 bis 2006 wurde das Umspannwerk nach Plänen von Kahlfeldt Architekten für die Rosco-Gruppe zum zentralen Vertriebsstandort für Vattenfall Europe in Berlin umgebaut.

Umspannwerk Marienburg
Erst gemietet, dann gekauft – Unter diesem Motto hat eine Investoren-Gruppe mit dem Druckerei-Dienstleister Pinguin-Druck GmbH das Umspannwerk Marienburg erst gemietet, ein tragfähiges Finanzierungskonzept erarbeitet und dann den Gesamtstandort von Vattenfall Europe erworben.

Umformwerk Prenzlauer Allee
Basierend auf der Konzeptplanung von Kahlfeldt Architekten soll der in einem Blockinnenbereich gelegene Komplex von einer Investoren-Gruppe zu Wohn- und Gewerbelofts umgebaut werden.

Gleichrichterwerk Zehlendorf
Das Gleichrichterwerk in einem durchgrünten Wohnquartier wird von Kahlfeldt Architekten zu einem attraktiven Wohnhaus für zwei Familien auf ca. 400 m² Geschossfläche umgebaut.

Umspannwerk Wilhelmsruh
Das ehemalige Umspannwerk Wilhelmsruh wird durch die Rosco-Gruppe bis 2008 zum Bürostandort für die Vattenfall Europe Information Services GmbH umgebaut. In einem Gutachterverfahren wurde Max Dudler als Planer ausgewählt.

Umspannwerk Humboldt
Das Umspannwerk Humboldt wurde Anfang 2007 an den kanadischen Investor Michael Tippin veräußert, der mit Kahlfeldt Architekten die Umnutzung zu einem Hotel-, Wohn- und Kulturstandort plant.

Transformer Station Scharnhorst
Between 2004 and 2006, the transformer station was converted into the centre of operations for Vattenfall Europe in Berlin on the basis of plans by Kahlfeldt Architects for the Rosco-Group.

Transformer Station Marienburg
First leased, and then bought – working according to this motto, a group of investors together with the printing service provider PinguinDruck GmbH initially leased the transformer station Marienburg, then developed a viable finance concept, and finally acquired the location from Vattenfall Europe.

Transformer Station Prenzlauer Allee
This complex within a block is to be converted into residential and commercial lofts by a group of investors, on the basis of a concept by Kahlfeldt Architects.

Rectifier Plant Zehlendorf
Kahlfeldt Architects are converting this rectifier plant situated in a tree-lined Zehlendorf housing area into an attractive home for two families with c. 400 m² floor space.

Transformer Station Wilhelmsruh
The Rosco-Group is converting the former transformer station Wilhelmsruh into an office location for Vattenfall Europe Information Services GmbH by 2008. After expert consultation Max Dudler was selected as the project planner.

Transformer Station Humboldt
The transformer station Humboldt was sold to the Canadian investor Michael Tippin at the beginning of 2007; together with Kahlfeldt Architects, he plans to re-use it as a location for housing, cultural events and a hotel.

Umspannwerk Kottbusser Ufer, 1924–26
Transformer Station Kottbusser Ufer, 1924–26

Umspannwerk Humboldt, 1924–26
Transformer Station Humboldt, 1924–26

Umspannwerk Wilhelmsruh, 1925–26
Transformer Station Wilhelmsruh, 1925–26

Umformwerk Prenzlauer Allee, 1926
Converter Station Prenzlauer Allee, 1926

Stützpunkt Neukölln, 1926–27
Base Station Neukölln, 1926–27

Umspannwerk Marienburg, 1927–28
Transformer Station Marienburg, 1927–28

Umspannwerk Leibniz 1927–29
Transformer Station Leibniz, 1927–29

Umspannwerk Scharnhorst, 1927–29
Transformer Station Scharnhorst, 1927–29

Umspannwerk Buchhändlerhof, 1928
Transformer Station Buchhändlerhof, 1928

Stützpunkt Zeppelin, 1928
Base Station Zeppelin, 1928

Gleichrichterwerk Zehlendorf, 1928–29
Rectifier Plant Zehlendorf, 1928–29

Umspannwerk Kreuzberg, 1929
Transformer Station Kreuzberg, 1929

Max Dudler: Erweiterung des Umspannwerks Wilhelmsruh
Max Dudler: Extension of the Transformer Station Wilhelmsruh

Diese zwölf Werke des Architekten Hans Heinrich Müller stellen jedoch nur einen Teil des Immobilienportfolios der heutigen Vattenfall Europe AG in Berlin dar. Neben ihnen gibt es noch eine ganze Reihe weniger bekannter oder verborgen gelegener Werksbauten, die sich für ein breites Spektrum neuer Nutzungsszenarien anbieten.
Vattenfall möchte daher mit diesem Buch an den Erfolg der ersten Elektropolis-Publikation anknüpfen: Es werden wiederum ehemalige Gebäude der Energieversorgung, also ehemalige Umspannwerke und Gleichrichterwerke, vorgestellt und auch zum Kauf oder zur Anmietung angeboten.
Die Gebäude sind zwischen 1903 und 1967 gebaut worden und haben über Jahrzehnte zur sicheren Stromversorgung Berlins beigetragen. Nach der Modernisierung der Verteilernetze waren die technischen Anlagen nicht mehr betriebsnotwendig und wurden entfernt. Einige Gebäude stehen unter Denkmalschutz. Alle Gebäude und Ensembles bieten jedoch – mit oder ohne Denkmalschutz – interessante Raum- und Flächenpotentiale.
Jede einzelne Immobilie hat ihren eigenen Reiz und bietet durch ihre jeweilige städtebauliche Einbindung ein erhebliches Umnutzungspotential. Vor allem für kreative und innovative Nutzer bieten sich hier neue Chancen. Durch die verfügbare Größe der Objekte kann ideal kreatives Arbeiten mit Wohnen oder anderen denkbaren gewerblichen oder kulturellen Nutzungen verbunden werden.
Wie groß das Potential der freien Gebäude tatsächlich ist, wird im ersten Teil des vorliegenden Bandes deutlich. Anhand von vier Beispielen bereits umgenutzter bzw. im Umbau befindlicher Gebäude der Stromverteilung werden die Umnutzungsmöglichkeiten dargestellt.
Ein besonderes Nutzungskonzept wurde im ehemaligen Umspannwerk Wilmersdorf realisiert. In dem ehemaligen Werksbau wurde nach den Plänen des Architekten Sergei Tchoban ein jüdisches Gemeindezentrum mit Synagoge errichtet. „Wir bringen beide Licht", sagte der Initiator Rabbiner Teichtal nach erfolgreicher Unterzeichnung des Kaufvertrages und spielte damit auf die besondere Kontinuität in der Nutzung des Werkes an.

However, these twelve power stations designed by the architect Hans Heinrich Müller represent only a part of today's property portfolio belonging to Vattenfall Europe AG in Berlin. In addition, there are a number of lesser-known company buildings in rather concealed locations, which would be suitable for a wide spectrum of new uses.
Vattenfall would therefore like to pick up the success of the first Electropolis publication with this present title: again, buildings that supplied energy in the past – that is, former transformer stations and rectifier plants – will be portrayed and offered up for sale or lease.
The buildings were built between 1903 and 1967 and for decades they played their part in providing Berlin with a safe supply of electricity. After modernisation of the distribution network, the technical installations were no longer required for operations and were removed. Some of the buildings are listed. But all the buildings and ensembles – whether they are listed or not – offer interesting spatial potentials.
Every individual property has its own attractions and presents great potential for re-use as a consequence of its urban-environmental integration. Above all, they offer new opportunities for creative and innovative users. The dimension of these properties means that creative work can be combined ideally with housing or other conceivable commercial or cultural uses.
The true wealth of potential inherent in these vacant buildings becomes clear in the first part of the book, where possibilities for re-use are depicted on the basis of four examples of energy supply buildings already put to new use or in the process of conversion.
A special concept for use has been realised in the former transformer station Wilmersdorf. A Jewish community centre with synagogue has now been built in the former transformer station, based on plans by the architect Sergei Tchoban. "We both bring light", said the initiator Rabbi Teichtal after the sales contract had been successfully signed, and so referred to a special continuity in the plant's use.

Karhard Architektur + Design: Panoramabar im Szeneclub „Berghain" im Heizkraftwerk Friedrichshain
Karhard Architektur + Design: Panorama bar in the fashionable club „Berghain" in the heating power station Friedrichshain

Aber auch in die Umspannwerke Lichterfelde Ost und Friedenau ist neues Leben eingezogen: In Lichterfelde wurde das ehemalige Werk nach den Plänen des neuen Eigentümers zum Wohnhaus umgebaut, während in Friedenau ein Tonstudio die bereits vorhandenen Wohnungen ergänzt.
Aus den Erfahrungen, die Vattenfall in nunmehr zehn Jahren aus der Um- und Weiternutzung nicht mehr betriebsnotwendiger Bauten gesammelt hat, können wir heute feststellen:

- ► Baudenkmale können technisch und wirtschaftlich umgenutzt werden.
- ► Denkmalmanagement schafft Wertsteigerung.
- ► Baudenkmale sind eine wertvolle Ressource.
- ► Durch die Umnutzung von Baudenkmalen und Bestandsgebäuden wird ein wichtiger Beitrag zur Nachhaltigkeit im Bauen erreicht.

Die vorliegende Dokumentation wendet sich daher besonders an interessierte Investoren und Nutzer. Dabei ist sie gleichzeitig eine Bestandsaufnahme und Darstellung der baulichen Entwicklungsgeschichte von Umspannwerken, Stützpunkten und Gleichrichterwerken seit Beginn des 20. Jahrhunderts bis Ende der 60er Jahre. Und es besteht berechtigte Hoffnung, dass schon in wenigen Jahren ein weiteres Buch die erfolgreichen Umnutzungen der hier zum Großteil erstmals vorgestellten Immobilien zeigen wird.

But the former transformer stations Lichterfelde East and Friedenau have also been given a new lease of life: in Lichterfelde, the former power station was converted into a house on the basis of plans by its new owner, while a sound studio has been added to the already existing apartments in Friedenau.
From the ten years experience that Vattenfall has now collected in the re- and continued use of buildings no longer required for operations, we can establish that:

- ► Listed buildings can be re-used both technically and economically.
- ► Management of listed monuments creates increased value.
- ► Listed buildings are a valuable resource.
- ► The re-use of listed buildings and existing structures enables us to make an important contribution to sustainability in architecture.

For these reasons, the present documentation is aimed particularly at interested investors and users. At the same time, it represents a stock-taking and depiction of the developmental history of transformer stations and their architecture from the beginning of the 20th century to the end of the 60s. And there is justifiable hope that in no more than a few years, another book will illustrate the successful re-use of the properties being shown here – for the most part – for the very first time.

Kahlfeldt Architekten: Revitalisierung des Umspannwerks Scharnhorst
Kahlfeldt Architects: Revitalisation of the Transformer Station Scharnhorst

Zwischennutzung als Marketinginstrument
Interim Use as a Marketing Factor

Hans Achim Grube, Vattenfall Europe Berlin AG & Co. KG
Martina Neumann, Vattenfall Europe Berlin AG & Co. KG

Als Eigentümer einer Vielzahl vormals industriell genutzter Liegenschaften steht man vor der Frage, wie diese Immobilien die erforderliche Publicity erlangen sollen, um sie auf dem Immobilienmarkt zu platzieren.
Eine Form, diese Objekte einem breiten Interessentenkreis bekannt zu machen, ist die temporäre Bereitstellung für künstlerische Projekte. Vattenfall hat frühzeitig erkannt, welches Potential in diesen – von vielen Immobilieneigentümern verschmähten – Zwischennutzungen liegt und folgerichtig die leer stehenden Häuser für unterschiedliche Veranstaltungen geöffnet. Dabei können die Nutzungszeiträume von einigen Tagen bis hin zu mehreren Jahren reichen. Entscheidend ist, dass diese Standorte einem breiten Publikum zugänglich gemacht werden und, durch eine gezielte Pressearbeit begleitet, Aufmerksamkeit erlangt wird. Inzwischen ist die Event-Vermietung zu einem festen Bestandteil unserer täglichen Arbeit geworden:

Umspannwerk Buchhändlerhof
Erste Erfahrungen mit einer Zwischennutzung wurden mit dem in den 90er Jahren weithin bekannten Techno-Club „E-Werk" gemacht. Das zwischenzeitlich verkaufte und sanierte Areal hat den Namen fortgeführt und konnte sich als eine der ersten Adressen Berlins für hochwertiges Eventmanagement platzieren.

Umspannwerk Humboldt
Hier ist es Vattenfall gelungen, das renommierte Vitra-Design-Museum nach Berlin zu holen und für drei Jahre an das Haus zu binden. Mit einem anspruchsvollen Ausstellungskonzept wurde das Haus zu einem Publikumsmagneten. Im Anschluss an diese prominente Nutzung konnte sich das Objekt mit dem inzwischen erworbenen Image als gefragte Location für kulturelle und kommerzielle Events etablieren. So kam es in Zusammenarbeit mit der Komischen Oper zur Uraufführung der Oper „Malpopita" in der Phasenschieberhalle des Ensembles. Darüber hinaus fanden diverse Ausstellungen im Rahmen von Kunst- und Modemessen statt.

Heizkraftwerk Friedrichshain
Auch das denkmalgeschützte Heizkraftwerk Friedrichshain, das im Zusammenhang mit dem bekannten Ensemble der Karl-Marx-Allee errichtet und 1997 stillgelegt wurde, konnte aus seinem Dornröschenschlaf erweckt werden. In enger und konstruktiver Zusammenarbeit mit dem Bezirksamt Friedrichshain-Kreuzberg und den Betreibern eines Clubs konnte die Umnutzungsgenehmigung erwirkt werden. Jetzt hat hier der inzwischen ebenfalls legendäre Techno-Club „Berghain" seine neue Heimat gefunden. Dabei erforderten die notwendigen Umbauten umfangreiche Investitionen. Ein Zehn-Jahres-Mietvertrag mit Vattenfall gibt den Betreibern die nötige Sicherheit.

As the owner of a large quantity of real estate previously used in industry, one faces the question of how such properties can be given the necessary publicity before being placed on the market.
One way of introducing these objects to a wide sphere of interested customers is to make them temporarily available for creative projects. Vattenfall soon recognised the potential that lies in this kind of interim use – disdained by many property owners – and has consequently opened up the empty buildings for various events. The periods of use may range from a few days to several years, but the decisive point is that these locations are made accessible to many people and brought to public attention through systematic press and publicity work.
In the meantime, event-leasing has become a firm component of our daily work:

Transformer Station Buchhändlerhof
Initial experience with interim usage was collected with the well-known techno club "E-Werk" during the 1990s. The site has been sold and restored in the meantime; retaining the name, it has now managed to establish itself as one of Berlin's leading addresses for high-quality events management.

Transformer Station Humboldt
Here, Vattenfall succeeded in fetching the celebrated Vitra Design Museum to Berlin, which it contracted to lease the power station for three years. The museum's top-quality exhibition concept made it into a crowd puller. Following this prominent use, the object – with the image it acquired – has become established as a popular location for cultural and commercial events. The premiere of the opera "Malpopita" was staged in the phase-converter hall of the ensemble in collaboration with the Komische Oper, for example. In addition, various exhibitions have taken place here in the context of art and fashion fairs.

Heating Power Plant Friedrichshain
It has also been possible to give a new lease of life to the listed heating power plant Friedrichshain, which was built in connection with the well-known ensemble of Karl-Marx-Alle and closed down in 1997. Permission for its re-use was obtained in very close and constructive cooperation with the Borough Offices of Friedrichshain-Kreuzberg and the operators of a club. Meanwhile, the equally legendary techno club "Berghain" has found a new home here. The necessary conversion measures required considerable investment, but a ten-year lease contract with Vattenfall gives the operators the necessary security.

Temporäre Nachnutzungen zur Revitalisierung der Gebäude
Temporary utilisation to revitalise the buildings

Stützpunkt Christiania
Eine andere Art der Nutzung erfährt derzeit das Eckhaus in der Osloer Straße. Vor etwa drei Jahren entstand hier in Zusammenarbeit mit dem Quartiersmanagement ein Existenzgründerzentrum für die Kreativbranche. Anfangs mussten nur die Betriebskosten gezahlt werden; später ermöglichten Mietverträge mit Mietzinsstaffelung einer Reihe von Existenzgründern den Einstieg in die Selbstständigkeit. Nun wollen die Mieter sich zu einer Genossenschaft zusammenschließen und die Liegenschaft käuflich erwerben.

Heizkraftwerk Mitte
Eines der jüngsten Projekte ist die Umnutzung des alten, fensterlosen Maschinenhauses des HKW Mitte an der Köpenicker Straße zu einem Kulturstandort der besonderen Art. Vor kurzem wurde hier der Club „Tresor" wiedereröffnet. Darüber hinaus sollen weitere kulturell-gastronomische Nutzungen implementiert werden. An Visionen, wie die insgesamt 22.000 m² bespielt werden können, fehlt es dem neuen Hausherren, Dimitri Hegemann, nicht.

Dies sind nur einige Beispiele erfolgreicher Zwischennutzungsprojekte. Neben der temporären Nutzung als Motive in unzähligen Film- und Musikproduktionen und den bereits genannten innovativen Umnutzungen sind allen (un-)möglichen Nutzungsideen keinerlei Grenzen gesetzt!

Base Station Christiania
Currently, a very different form of usage is being experienced by this corner property on Osloer Straße. Around three years ago, it was launched as a centre for the founders of new creative businesses in cooperation with the district management. Favourable lease contracts – at first to cover operating costs alone, later with a graduated rent system – have made it possible for a number of founders to establish their own business. Now the tenants are aiming to form a collective and buy the property.

Heating Power Plant Mitte
One of the most recent projects is for the re-use of the old, windowless turbine hall of the heating power plant Mitte on Köpenicker Straße as a cultural location of a very special kind. Only a short time ago, the club "Tresor" was reopened here. Further cultural and gastronomic uses will also be implemented here in future. The new owner, Dimitri Hegemann, can envision any number of ways in which the total floor area of 22,000 m² may be put to good use.

These are intended as only a few examples of successful interim usage. Besides temporary use as motifs in innumerable film and musical productions and the innovative projects for re-use already mentioned here, there are no limits to (im-)possible ideas for usage!

Faire Verträge
Fair Contracts

Hans Achim Grube, Vattenfall Europe Berlin AG & Co. KG
Gisa Wittig-Jensch, Vattenfall Europe Berlin AG & Co. KG
Bettina Brammer, Vattenfall Europe Berlin AG & Co. KG

Die überaus erfolgreiche Geschichte der Vermarktung ehemaliger denkmalgeschützter Industriestandorte erforderte und erfordert eine ebenso rechtssichere wie kreative Gestaltung der entsprechenden Verträge. Hierbei ist es Vattenfall gelungen, die Zusammenarbeit mit einem großen europäischen Konzern für den Investor optimal zu gestalten, um gemeinsam den Erhalt der Zeitzeugen der Stromversorgung zu sichern.

Die Individualität jedes einzelnen Standortes verbietet „08/15-Verträge" – sie werden jeweils einzeln verhandelt und formuliert. Sowohl die ehemalige als auch die zukünftige Nutzung findet ihren Niederschlag in den Vertragswerken.

Die Vertragsentwürfe haben ein einheitliches Gerüst mit den zwingend erforderlichen Regelungen – z.B. zur Definition des Kaufgegenstandes, den Fälligkeitsvoraussetzungen für die Kaufpreiszahlung, den Zeitpunkt der Übergabe der Liegenschaft usw. Besonderes Augenmerk verdient jedoch der Komplex „Sachmängelhaftung" und in diesem Zusammenhang die Frage der Übernahme etwaiger Haftungsrisiken. Oberstes Gebot des Vattenfall-Konzerns ist hierbei die Einhaltung des Grundsatzes der Fairness.

Bei den Objekten handelt es sich durchweg um ehemalige Standorte der Energieversorgung und -verteilung, die an den neuen Eigentümer übergeben werden wie sie stehen und liegen. Der Investor kann jedoch davon ausgehen, dass durch Vattenfall eine Vorklärung der Altlastenrisiken vor Verkauf der jeweiligen Liegenschaft erfolgt ist und keine unüberschaubaren Risiken übertragen werden.

Überaus kurze Entscheidungswege sowie die konstruktive Zusammenarbeit zwischen Immobilien- und Rechtsabteilung ermöglichen flexible, effiziente und transparente Vertragsverhandlungen, sodass der Notartermin dann meist nur noch eine „Formsache" ist. Zukünftige Investoren und deren Rechtsberater werden feststellen, dass die gemeinsame Formulierung der allgemein als „trocken" empfundenen rechtlichen Vertragsgestaltung durchaus großen Spaß bringen kann und beide Seiten am Ende von der „Win-win-Situation" des Geschäftes überzeugt sind. Durch die Vertragsverhandlungen sind schon häufig langjährige und vertrauensvolle geschäftliche Beziehungen entstanden, die sich nicht nur auf einer partnerschaftlichen Arbeitsebene, sondern auch durch gelegentliche Aktivitäten außerhalb der Büroräume manifestieren.

Alles in allem werden mit Vattenfall „schlanke", faire, jedoch vor allem praktikable Verträge geschlossen. Wie sonst lässt sich erklären, dass Vattenfall in den vergangenen neun Jahren nicht betriebsnotwendige Immobilien mit einem Wert von rund 250 Millionen Euro veräußert hat, ohne im Nachgang hierzu auch nur einen einzigen Rechtsstreit zu führen? Dies spricht wohl für sich.

Our considerable past success in marketing listed former industrial properties has demanded, and will continue to demand, corresponding legal compliance and creativity when formulating contracts. In this matter, Vattenfall has succeeded in optimising cooperation with a large European concern for the investor, so helping to preserve testimony to earlier energy production together.

The individuality of each location precludes "run of the mill contracts" – each one is negotiated and formulated individually. Both former and future uses are expressed in these agreements.

Concepts for contracts have a standard framework comprising the absolutely necessary stipulations – e.g. definition of the object of purchase, pre-fixing dates for payment of the agreed price, the time when the property is transferred etc. Particular attention, however, must be paid to the complex "warranties for defects" and, in this context, to the question of accepting any form of risk of liability. On this issue, the Vattenfall Corporation's highest priority is to adhere to the principle of fairness.

All of the objects are former locations of energy supply and distribution, which are handed over to the new owners exactly as they stand. But the investor may assume that a preliminary clarification of inherited risks has been carried out by Vattenfall before the sale of each property and that no unmanageable risks are being transferred.

Extremely short decision-making processes and constructive cooperation between our property and legal departments make flexible, efficient and transparent contract negotiations possible – the appointment for notarisation is usually a mere formality. Future investors and their legal advisors will discover that cooperative formulation of the legal text of contracts – generally considered a "dry" occupation – can be great fun, and ultimately both sides will be convinced of the deal's "win-win-situation". In several cases, such contractual negotiations have already led to long-term, trusting business relationships, which are not only expressed on the level of a working relationship between partners, but also in occasional activities outside the office.

All in all, "slender", fair, but above all practicable contracts are concluded with Vattenfall. What else could explain the fact that Vattenfall has sold properties "not required for operations" to the value of around 250 million Euros over the past nine years, and has not been called upon subsequently to conduct a single legal battle? That surely speaks for itself.

Hoyer, Schindele, Hirschmüller und Partner: E-Werk in Berlin-Mitte
Hoyer, Schindele, Hirschmüller and Partners: E-Werk in Berlin-Mitte

Tarnkappen der Technik
Umspannwerke als Bauaufgabe
Technology's Cloaks of Invisibility
Transformer Stations as an Architectural Challenge

Thorsten Dame, Laufwerk B – Architekturkommunikation

Als im Sommer 1891 in Frankfurt am Main ein etwa zehn Meter hoher künstlicher Wasserfall das Interesse der Öffentlichkeit auf sich zog, ahnten offenbar viele der eigens angereisten Zuschauer, dass dieses Phänomen mehr als nur eine wunderliche Attraktion war. Als Sensation der Internationalen Elektrotechnischen Ausstellung vom Publikum bestaunt, lieferten die illustrierten Familienzeitschriften emphatische Berichte für diejenigen, die nicht vor Ort sein konnten.

Dabei lag die Besonderheit nicht im künstlichen Naturschauspiel selbst, die Installation wäre wohl auf kein großes Interesse gestoßen. Das Publikum war spätestens seit Mitte des 19. Jahrhunderts mit allen nur denkbaren technischen Neuerungen vertraut und hatte Erwartungen, die mit einem Berg aus Pappmaché und einer Wasserpumpe, sei sie auch elektrisch betrieben, nicht zu befriedigen gewesen wären. Seit der Weltausstellung von 1851 hatten Technikbegeisterung und Fortschrittsglaube sich in den großen Messen ein populäres Forum geschaffen, um die neuesten Entwicklungen aus den Ingenieurwissenschaften und der Industrie im internationalen Wettbewerb publikumswirksam zu präsentieren. Die Internationale Elektrotechnische Ausstellung in Frankfurt hatte sich diese großen Leistungsschauen zum Vorbild für die Präsentation der noch relativ jungen Leittechnik genommen: Auf dem großen Ausstellungsgelände vor dem Frankfurter Bahnhof sollte der Idealzustand einer durch elektrotechnische Neuerungen bereicherten Gesellschaft vorweggenommen und ein „getreues Bild des gegenwärtigen Standes der Elektrotechnik sowohl in Deutschland als im Ausland" gegeben werden.

Im Zentrum des Areals lag die „Zentrale", ein Kraftwerk mit vier hohen Schornsteinen, überbordend verziert wie ein Palast, in dem sich eine märchenhaft gedachte Vergangenheit mit einer zu erwartenden, strahlenden Zukunft verbinden sollte. Um dieses Zentrum herum waren die Hallen und Zelte gruppiert, in denen alles ausgestellt wurde, was man zukünftig mit elektrischer Energie zu betreiben gedachte und für das man hier Interessenten suchte. Und wie sich die Ausstellungshallen auf das räumliche Zentrum des Kraftwerks bezogen, so waren auch alle diese kleinen und großen Apparate an die verbindende Elektrizitätsquelle im Zentrum der Ausstellung angeschlossen. Das war die Regel, und der künstliche Wasserfall bildete die Ausnahme.

Er wurde von einer Kraftquelle gespeist, die nicht im Ausstellungsgelände lag, sondern weit außerhalb Frankfurts, im 175 Kilometer entfernten Lauffen in der württembergischen Provinz. Dort wurde an einer Staustufe des Neckars ein neuartiger Drehstromgenerator betrieben, dessen Energie durch eine eigens errichtete Fernleitung über Heilbronn und Hanau zur Internationalen Elektrotechnischen Ausstellung nach Frankfurt am Main transportiert wurde. Für die Fernleitung musste der Strom lediglich in Lauffen auf 15.000 Volt hochgespannt und in Frankfurt wieder auf die dort übliche Gebrauchsspannung herunter transformiert werden. Gleichzeitig mit dem Wasserfall wurde auch eine Leuchtanlage mit eintausend Glühbirnen betrieben, doch das künstliche Naturschauspiel blieb die Sensation der Ausstel-

When an artificial waterfall, around ten metres high, drew public interest in Frankfurt am Main during the summer of 1891, many of the audience who had travelled to see it obviously realised that this phenomenon was more than just a whimsical attraction. While the public marvelled at it as the sensation of the International Electrical Engineering Exhibition, the illustrated family magazines provided unequivocal reports for any who could not be there in person.

But the artificial natural spectacle itself was not especially noteworthy; probably its installation would not have met with great interest. Since the mid 19th century at the latest, the audience had been acquainted with every conceivable technical innovation and had developed expectations that would not have been satisfied by a papier maché mountain and a water pump, even if it was powered by electricity. Since the World Exhibition of 1851, an enthusiasm for technology and belief in progress had created a popular forum at the great fairs, where developments from engineering and industry could be presented in international competition after a fashion that appealed to the public as well. The International Electrical Engineering Exhibition in Frankfurt adopted the model of these large-scale shows of achievements for its presentation of the relatively new control technology: the utopia of a society improved by electronic innovations was to be anticipated on the huge fair grounds in front of Frankfurt's station, giving an "accurate picture of the present state of electrical engineering both in Germany and abroad".

At the middle of the site was the "nerve centre"; this was a power station with four tall chimneys, elaborately decorated like a palace, in which an apparently fairy-tale past was combined with a glowing prospective future. Grouped around this centre were the halls and tents exhibiting everything that people expected to power by means of electricity in the future, for which interested investors were being sought at the fair. And just as the exhibition halls had a spatial relation to the power station at their centre, all these large and small machines were connected to the source of electricity at the centre of the exhibition. That was the rule, but the artificial waterfall represented the exception.

It was driven by a source of energy that did not lie within the fair grounds, but well outside of Frankfurt, in Lauffen – 175 kilometres away in the province of Württemberg. There, beside a barrage of the Neckar, a new kind of generator for alternating current was operated and its energy transported along a specially made long-distance line via Heilbronn and Hanau to the International Electrical Engineering Exhibition in Frankfurt am Main. To be transported along the high voltage line, the current simply had to be converted to 15,000 volts in Lauffen and converted back down to the usual voltage when it arrived in Frankfurt. A lighting system with a thousand bulbs was also operated at the same time as the waterfall, but the artificial wonder of nature remained the sensation of the exhibition, for visitors felt that it manifested a new relation of space and time. In 1891, therefore, the magazine "Gartenlaube" marvelled at alternating

Kraftwerk „Mauerstraße" im Berliner Stadtzentrum, 1886
Power station "Mauerstraße" in the Berlin city centre, 1886

lung, da es für die Besucher sinnfällig Raum und Zeit in eine neue Relation zu setzen schien. So bewunderte die Zeitschrift „Gartenlaube" 1891 den Drehstrom als eine Energie, die „auf eine Entfernung von mehreren Tagesreisen, in einem Augenblick den weiten Raum überwindend, das Mainwasser in die Höhe hebt und dasselbe zwingt, den Lauffener Wasserfall in Frankfurt gleichsam zu wiederholen."

Doch es ist ebenso wenig das neue Verhältnis von Raum und Zeit wie die symbolische Indienstnahme natürlicher Ressourcen für den technischen Fortschritt, die als umwälzende Neuerung im künstlichen Wasserfall verborgen lagen. Das revolutionäre Moment lag in der Technik selbst, die es erlaubte, den neuartigen Drehstrom über weite Entfernung und ohne größere Leitungsverluste zu den Verbrauchern zu transportieren. Die bisher verwendete Gleichstromtechnik war nur in bedingtem Maße für eine weitflächige Stromversorgung einzusetzen, da sowohl mit wachsender Entfernung von der Erzeugungsquelle als auch durch die Zunahme der Stromabnehmer die Spannung in den Netzen nur schwer aufrechterhalten werden konnte.

Daher waren die Elektrizitätsunternehmen bislang auf eine Lage ihrer Kraftwerke im Zentrum verhältnismäßig kleinräumiger Versorgungsgebiete angewiesen und diese mussten, um die Anlage eines Kraftwerks wirtschaftlich zu amortisieren, eine große Nachfrage an elektrischer Energie generieren. So war die Elektrizitätsversorgung bis 1891 vornehmlich auf die großstädtischen Ballungszentren konzentriert, in deren unmittelbaren Zentrumslagen sich die Gleichstromkraftwerke befanden. Die räumliche Gliederung der Internationalen Elektrotechnischen Ausstellung mit dem zentralen Kraftwerk in der Mitte, umgeben von den angeschlossenen Schauhallen, war in gewisser Weise ein Abbild dieses Systems und der künstliche Wasserfall das trojanische Pferd, diese räumliche Ordnung aufzuheben. Während man sich in Frankfurt auf der Höhe der Zeit fühlte, feierte man unwissentlich in einem überholten und veralteten Ausstellungspark das Ende der ersten Ära der öffentlichen Stromversorgung.

Die Folgen dieses vor den Augen des Publikums ausgeführten Experiments waren für den nun einsetzenden Verlauf der

current as an energy which, "overcoming the expanse of space in a moment, lifted up the water of the Main and compelled it to repeat – so to speak – Lauffen's waterfall in Frankfurt, several days' journey away."

But it was not so much the new relation of space and time, or the symbolic way that natural resources were brought into the service of technical progress that represented the overwhelming innovation concealed in the artificial waterfall. The revolutionary aspect lay in the technology itself, which permitted the new, alternating form of current to be transported to users across long distances and without any noticeable loss of power. The previously employed technology for continuous current was only exploitable for large-scale power supplies up to a point, as both increasing distance from the source of production and a rise in the number of electricity users made it difficult to maintain the voltage in the networks.

For that reason, the electricity companies had been compelled to locate their power stations at the centre of relatively small supply areas and – in order to amortise the founding of a power station – these had to generate a large demand for electricity. Up until 1891, therefore, the provision of electricity was concentrated primarily in big-city areas of dense population, and continuous current power stations were situated at the direct centre of such areas. The spatial arrangement of the International Electrical Engineering Exhibition – with the power station at the centre, surrounded by the connected exhibition halls – was quasi an image of the system, and the artificial waterfall was the Trojan horse that would put an end to that order. While people in Frankfurt believed that they were utterly up-to-date, without realising it they were celebrating the end of the first era of public power supplies in out-of-date, old-fashioned exhibition grounds.

The consequences of this publicly witnessed experiment were decisive for the ensuing advance of large-scale power supplies: in future, opportunities for connection to a long-distance supply network emerged for the sparsely populated countryside, villages and small towns. The network was able to extend and

Maschinensaal im Umspannwerk Tiergarten, 1901
Machine hall in the Transformer Station Tiergarten, 1901

elektrischen Großraumversorgung bestimmend: Für das dünn besiedelte Land, Dörfer und Kleinstädte ergaben sich zukünftig Möglichkeiten zum Anschluss an ein räumlich weit ausdehnbares Fernversorgungsnetz, während die Versorgung der Städte nicht mehr aus ihren Zentren heraus erfolgen brauchte. Damit konnten sich auch die Kraftwerke der Verlagerung großindustrieller Betriebe in städtische Randlagen anschließen, wo genügend kostengünstiges Bauland für ausgedehnte und erweiterbare Werksanlagen zur Verfügung stand.

Für die Innenstadtlagen bedurfte es nunmehr mit dem Umspannwerk eines neuen Gebäudetyps, dessen Funktion, wie auf dem Ausstellungsgelände in Frankfurt, in der Transformation des hochgespannten Drehstroms bestand und, mit Rücksicht auf die vorhandenen Anschlüsse der Kunden, auch in der Umformung des Drehstroms auf Gleichstrom im Versorgungsgebiet.

Es ist nicht überraschend, dass Berlin in der Übertragung der Ausstellungstechnik auf die Bedingungen des Standorts und des Marktes zum Laboratorium der neuen Technik wurde. Zum einen hatte Berlin bereits durch die Einrichtung des ersten öffentlichen Elektrizitätswerkes in Deutschland einen Startvorteil, den es durch die Präsenz der beiden führenden Unternehmen der Elektrizitätswirtschaft, Siemens und AEG, seit 1884 ausbaute. Zum anderen kam die in Frankfurt präsentierte Drehstromtechnik selbst von der AEG aus Berlin, die in Zusammenarbeit mit dem Ausstellungsleiter Oskar von Miller und der Maschinenfabrik Oerlikon die Fernübertragung konzipiert hatte. Bereits vier Jahre nach der Elektrotechnischen Ausstellung wurde in Berlin das erste deutsche Drehstromkraftwerk am damals noch jungen Industriestandort Oberspree errichtet. Als Betreiberin trat die AEG auf, die neben der technischen Ausrüstung auch die Baupläne durch ihren Hausarchitekten Paul Tropp lieferte. 1899 übernahmen die Berliner Elektrizitätswerke (BEW) das Kraftwerk Oberspree und investierten in den Bau eines weiteren großen Drehstromkraftwerks in Moabit, das zu dieser Zeit noch eine städtische Randlage mit großen Flächenangeboten für die Industrie darstellte. Für diesen Neubau nahm das Unternehmen den renommierten Architekten Franz Heinrich Schwechten unter Ver-

Franz Heinrich Schwechten: Umspannwerk Tiergarten, 1901
Franz Heinrich Schwechten: Transformer Station Tiergarten, 1901

cover a huge area, while it also became unnecessary to realise supplies to cities from their centres. This development meant that power stations could join the movement of big industrial factories to locations at the urban peripheries, where sufficient cheap building land was available for extensive, expandable complexes.

The inner-city sites, meanwhile, required a new type of building – the transformer station. Its function, like that at the fair grounds in Frankfurt, was to convert the high-voltage alternating current and, taking into account the customers' existing power connections, transform it into continuous current within the supply area.

It is little wonder that Berlin became a laboratory for this new engineering when the time came to transfer the exhibition technology to local and market conditions. On the one hand, the first public electricity works in Germany had been established here, and so Berlin already had a head start, which it had gained due to the presence in the city of the two leading electrical engineering companies, Siemens and AEG, since 1884. On the other hand, the technology of alternating current presented in Frankfurt originated from the AEG in Berlin, which had devised the long-distance transfer in collaboration with the exhibition director Oskar von Miller and the engineering works Oerlikon. As little as four years after the electronic engineering exhibition, the first German alternating current power station was built at the still new industrial location Oberspree in Berlin. The operators were AEG, who provided not only the technical installations, but also building plans designed by their regular architect Paul Tropp. In 1899, the Berlin Electricity Works (BEW) took over the Oberspree power station and invested in the construction of a further large-scale alternating current power station in Moabit, which was still a peripheral urban location with large areas of land available for industry at that time. For this new building, the company commissioned the renowned architect Franz Heinrich Schwechten, who – together with the building department of the BEW – also designed the first generation of new transformer stations at the city's focal distribution points.

Franz Heinrich Schwechten: Umspannwerk Rudolfplatz, 1908
Franz Heinrich Schwechten: Transformer Station Rudolfplatz, 1908

trag, der gemeinsam mit der Bauabteilung der BEW auch die erste Generation der neuartigen Umspann- und Umformwerke in den Verteilungsschwerpunkten der Stadt entwarf.

Im Stammbaum der Industriearchitektur sind die Sonderbauten der Elektrizitätsverteilung bis heute eine Besonderheit. Sie entziehen sich nicht nur der Zuordnung in die üblichen Teilbereiche der industriellen Produktion: dem Herstellungsprozess, der Lagerung oder der Verwaltung; sie befinden sich, als Folge des Strukturwandels ab 1891, weitab von den an den Stadtrand verlegten Produktionsstandorten. Und die Umspannwerke, Gleichrichterwerke und Netzstationen waren durchaus geeignet, selbst in zentralen Lagen für das Unternehmen als *corporate citizen* und sein Produkt zu werben, denn in ihnen waren alle sonst kritischen Effekte industrieller Produktion weitgehend ausgeblendet. Rauch- und Lärmemission waren auf ein kaum wahrnehmbares Maß reduziert, zusätzliche Verkehrsbelastung durch Lieferverkehr ebenso aufgehoben wie die Fluktuation von Betriebsangehörigen, deren Anzahl durch den hohen Grad der Automatisierung der technischen Prozesse nicht ins Gewicht fiel.

So präsentierten sich die Berliner Elektrizitätswerke (BEW) mit dieser ersten Generation von Drehstromkraftwerken, Umspann- und Gleichrichterwerken erstmalig mit ihren Werksbauten im Straßenraum der Großstadt. Denn bis auf das alte Kraftwerk in der Spandauer Straße, das durch eine Erweiterung ebenfalls in den 1890er Jahren erstmals aus dem zu eng gewordenen Baublock in den Straßenraum vorstieß, lagen alle Werke bis dahin in günstigeren Blockinnenbereichen hinter Wohn-, Geschäfts- und Verwaltungsbauten versteckt.

In der Stadtmitte und in Tiergarten, im Wedding, in Kreuzberg und Friedrichshain errichtete die Bauabteilung der BEW unter Leitung von Oskar Springmann zwischen 1899 und 1907 acht als „Unterstationen" bezeichnete Umspann- und Gleichrichterwerke, die sich nach den in Berlin geltenden Fluchtliniengesetzen in den jeweiligen Straßenraum einzupassen hatten. Für die Gestaltung dieser an den Straßen gelegenen Fassaden suchte das Unternehmen die Kooperation mit dem Architekten Franz Heinrich Schwechten. Dieser genoss nicht nur das besondere

Buildings dedicated to power supply and distribution have retained a special place among industrial architecture's progeny up until the present day. They not only evade classification into the usual spheres of industrial production – the production process, storing or administration –, as a consequence of the structural changes that began in 1891, they are situated some distance from the production sites, which had been moved to peripheral urban locations. To be erected at the centre of supply areas, this new architectural assignment obliged the company to provide a visible, physical representation of itself and its immaterial goods at the focal points of use within the city. And the transformer stations, rectifiers and network bases were rather well-suited to advertising for the company and its product as a corporate citizen, even in central areas, since to a great extent they concealed the otherwise critical effects of industrial production. Smoke and noise emissions were reduced to scarcely perceivable dimensions, and additional traffic pollution by delivery vehicles was avoided, together with the fluctuation of plant employees, as the technical process' high level of automation made their number insignificant.

The initial generation of alternating power stations, transformer stations and rectifier stations were therefore the first industrial buildings with which the Berlin Electricity Works (BEW) presented themselves on the streets of the big city. Up until then, all works – with the exception of the old power station in Spandauer Straße, which had been extended beyond its building block, now too small, into the area of the street for the first time during the 1890s – had been situated in more favourable locations within blocks, hidden behind housing, shops and office buildings.

Under the direction of Oskar Springmann, the building department of the BEW erected eight transformer stations and rectifier plants, known as "substations", in the city centre and in Tiergarten, Wedding, Kreuzberg and Friedrichshain between 1899 and 1907. According to the regulations on building lines valid in Berlin, these had to be fitted into the relevant street space. The company sought the cooperation of architect Franz Heinrich

Hans Heinrich Müller: Umspannwerk Uklei, 1928
Hans Heinrich Müller: Transformer Station Uklei, 1928

Vertrauen der Unternehmensleitung, seine Arbeit war auch durch die besondere Gunst des Kaisers ein sicherer Bürge für ein allgemeines Wohlwollen, das den Neubauten entgegengebracht werden würde.

Das konnte die baurechtlichen Genehmigungsverfahren beschleunigen und zugleich den ästhetischen Mehrwert der Bauten auf das Ansehen des Unternehmens überstrahlen lassen. Für die Gestaltung der Fassaden bediente sich Schwechten, je nach Lage des Werkes, kenntnisreich aus einem großen Fundus historischer Versatzstücke und Zitate, die den Werksbauten Anklänge an märkische Backsteinbauten oder oberitalienische Palazzi verliehen.

Die auf diese Weise bis 1907 geschaffene Versorgungsstruktur war für die Nachfrage nach elektrischer Energie vorausschauend und ausreichend bemessen und wurde in den Folgejahren nur in geringem Maße durch Neubauten ergänzt. Eine umfassende bauliche Erweiterung wurde erst geschaffen, als zur Befriedigung der steigenden Stromnachfrage in der 1920 gegründeten Einheitsgemeinde von Groß-Berlin eine neue, stadtweit einheitliche Verteilungsstruktur eingerichtet wurde.

Die hierfür geschaffene zweite Generation der Verteilungsbauten ist die umfangreichste im Portfolio des Versorgungsunternehmens. In die von Felix Thümen geleitete Hochbauabteilung der nun Bewag genannten Berliner Elektrizitätswerke trat der vormalige Gemeindebaumeister von Steglitz, Hans Heinrich Müller, ein. Gemeinsam mit Thümen und einem Mitarbeiterstab von rund 40 Architekten, Zeichnern und Ingenieuren wurde das ehrgeizige Bauprogramm von mehr als 40 Einzelbauten in nur sechs Jahren verwirklicht.

Die im gesamten Stadtraum verteilten Versorgungsbauten, die zusammen mit den Standorten von Siemens und der AEG den Ruf Berlins als Elektropolis begründeten, entwickelten sich von anfänglich malerisch zueinander gruppierten Gebäudeensembles hin zu eindrucksvollen, geschlossenen Volumen.

Diese großen Bauten waren oft auf Allansichtigkeit hin zu gestalten. Ihre großen Volumen in die vorgefundenen Stadträume einzupassen, stellte die Architekten vor eine neue Aufgabe. Zwar

Schwechten to design their facades to the street. Schwechten not only enjoyed the company management's especial trust, his work – due to particular favour from the Kaiser – also represented a safe pledge that the buildings would meet with general approval. This made it possible to speed along the permission procedures of building law and also ensured that the buildings' added aesthetic value would transfer their prestige to the company's overall reputation. When conceiving his façade designs, Schwechten – depending on the station's location – made knowledgeable use of a rich array of historical components and citations, either giving the power stations echoes of the Mark Brandenburg's brick architecture or of Italian palazzi.

The supply structure that had been created by 1907 was forward-looking and well-calculated with respect to the demand for electrical power, and in subsequent years only minor extensions in the form of new buildings were made. Comprehensive architectural expansion did not come about until 1920, when a new distribution structure – standardised across the city – was established to satisfy the growing demand for electricity in the newly founded, unified municipality of Greater Berlin.

The second generation of supply buildings created for this purpose is the most comprehensive in the energy company's portfolio. The former master of building in the Steglitz district, Hans Heinrich Müller, now joined Felix Thümen's building department at the Berlin Electricity Works, renamed Bewag in the meantime. Together with Thümen and a team consisting of around forty architects, draftsmen and engineers, an ambitious construction programme of more than forty individual buildings was realised in only six years.

Scattered throughout the whole city, and helping to establish Berlin's reputation as an "Electropolis" together with the locations of Siemens and the AEG, the supply buildings developed from picturesquely grouped architectural ensembles into impressive, self-contained volumes.

These large buildings often had to be designed for viewing from all perspectives. The architects faced the new task of fitting their huge volumes into existing urban space. Certainly, small

Hans Heinrich Müller: Umspannwerk Wittenau, 1925–29
Hans Heinrich Müller: Transformer Station Wittenau, 1925–29

wurden weiterhin kleinere Werke nach Möglichkeit in freien Parzellen oder in Blockinnenbereichen untergebracht, die eigentliche architektonische wie städtebauliche Herausforderung in dieser zweiten Generation bestand jedoch im Heraustreten der großen Bauten aus den Straßen- und Platzwänden als eigenständige Baukörper.
Doch ob als Solitär an neuem Standort, als Baustein in der Fassadenabwicklung einer Wohnstraße oder im Inneren eines Baublocks versteckt, fast allen Bauten dieser zweiten Generation ist die meisterliche Verwendung des Backsteins eigen. Durch die Bindung an das Material, das Ausloten seiner konstruktiven und gestalterischen Möglichkeiten und die Wiederholung einzelner Gestaltelemente bilden die Bauten trotz ihrer sonst ungewöhnlich vielfältigen Erscheinungsformen eine erkennbar zusammengehörige Gruppe.
Die jüngste in diesem Band vorgestellte Generation von Umspannwerken wurde ebenfalls von der Bauabteilung der Bewag entworfen. Genauer gesagt von den Bauabteilungen, denn die Teilung Berlins im Jahr 1948 bedeutete auch die Trennung des Versorgungsnetzes und die Spaltung des Versorgungsunternehmens. In mancher Hinsicht glichen sich die in den Folgejahren entstandenen Bauten in Ost und West: Im Verhältnis zur Vorgängergeneration klein, meist freistehend und im gesamten Ausdruck knapp und bescheiden, behaupteten sie ihre Integrität als Versorgungsbauten ohne Rückgriffe auf historisches Formenvokabular oder die kunstfertige Verwendung von Backsteinen. Als entwurfsbestimmendes Moment traten jeweils die Räume für die Transformatoren in Erscheinung, die nun als höchste Raumeinheiten die Werksbauten dominierten. In der West-Berliner Nachkriegsgeneration der Umspannwerke wurden die Traforäume jeweils in einem einzigen höheren Baukörper zusammengefasst. In Lichtenrade beispielsweise wurden die Transformatoren mittig in das Schalthaus eingesetzt. Dabei wurde die klare und strenge Gliederung der Anlage durch die hochgelegenen, durch Gesimse und Rahmungen zusammengefassten Fensterreihen zusätzlich gesteigert. In den späteren Werken, wie in Lichterfelde oder Rudow, zielten die Entwürfe

stations continued to be accommodated – wherever possible – on free plots or within blocks, but in this second generation, the true architectonic and urban-developmental challenge lay in the large structures' egression, as independent architectural volumes, from the line of streets or squares.
But whether they were solitary features in new locations, components in the facade development of a residential street, or concealed within a block, almost all these buildings of the second generation were characterised by a masterly use of brick. Their adherence to this material, the way that they sound out its constructive and design possibilities, and the repetition of individual design elements mean that these buildings – despite their otherwise unusually diverse appearance – form a group that belongs together recognisably.
The most recent generation of transformer stations presented in this volume was also designed by the building department of the Bewag: or to be more precise, by the building departments, since the division of Berlin in 1948 also led to a division in the supply network and the power supply company. In some respects, the buildings that were constructed in East and West during the subsequent years were similar: small by comparison to the previous generation, they were generally freestanding, and the overall impression they made was compact and modest. They asserted their integrity as supply buildings without reverting to a historical formal vocabulary or an artistic use of brick. In each case, the area required for the transformers was the determining aspect of design, for these were now the highest spatial units and dominated the works. Among the postwar generation of transformer stations in West Berlin, the space for the transformers was always subsumed in a single, high architectural volume. In Lichtenrade, for example, the transformers were set at the centre of the switch house. Its clear, strict order of the complex was heightened further by the rows of windows, married by their ledges and frames. The designs of later stations such as Lichterfelde or Rudow aimed for a more stringent division of switching systems and transformers; the higher transformer cells were staggered and only abutted the

Umspannwerk Wittenau, Ansicht des Schalthauses, 1925–29
Transformer Station Wittenau, view of the switching house, 1925–29

Umspannwerk Idastraße, Ansicht von Süden
Transformer Station Idastraße, view from the South

auf eine stärkere Trennung der Schaltanlagen und Transformatoren hin; die höheren Trafokammern wurden nun einseitig und versetzt an das Schalthaus angeschlossen.
In den Ostberliner Umspannwerken in Kaulsdorf oder Weißensee hingegen wurden die Transformatoren jeweils in eigenen, voneinander getrennten Baukörpern untergebracht, zwischen denen die Schalträume eingespannt wurden. Durch den symmetrischen Aufbau der Werke, denen mit den höheren Transformatorenräumen Akzente gesetzt wurden, bedienten sich die Architekten hier länger als in West-Berlin tradierter Gestaltungsmittel, die auch in den Pfeilerreihen und Wandvorlagen der Fassaden ihren Ausdruck fanden.
Betrachtet man in einer Zusammenschau die in diesem Band zusammengetragenen drei Generationen von Umspannwerken, fallen in ihrer Entwicklung besonders der Wandel in der Größe, die zunehmende Freistellung der Werke und die zunehmende Ausformulierung eines eigenen Bautyps ins Auge: Ließ sich die erste Generation noch auf einer durchschnittlich großen Berliner Parzelle unterbringen, sprangen die großen und leistungsstarken Umspannwerke der zweiten Generation aus diesem tradierten Bezugsrahmen heraus und traten als eigene Baukörper in Erscheinung. Die Nachkriegsgeneration entstand in Gebieten offener Bauweise, freistehend wie die Nachbarbauten und, den Bedingungen der Bauordnungen folgend, wie diese meist abgerückt von der Grundstücksgrenze.
Dass es ein inneres Gesetz aller technischen Apparaturen ist, in ihrer Ausreifung durch die Ingenieure vom Groß- ins Taschenformat verwandelt zu werden, hat Wilhelm Lotz bereits 1931 in seinem heute fast vergessenen Artikel „Die Tarnkappe der Technik" in der Zeitschrift *Die Form* festgestellt. Und wie er zeigte, reiften mit der Technik auch die entsprechenden Karosserien und Gebäudehüllen heran. Ihnen kam eine Doppelfunktion zu, denn sie sollten nicht nur die Apparaturen und ihre oft kompliziert zusammengesetzten einzelnen Glieder räumlich organisieren. Sie sollten auch die Technik und ihre Umwelt in funktionaler und ästhetischer Hinsicht voreinander schützen. So hätte Wilhelm Lotz alle in diesem Band vorgestellten Generationen von

switch house at one side. By contrast, each of the transformers at the East Berlin power stations in Kaulsdorf or Idastraße was accommodated in its own separate architectural volume, and the switch houses were suspended between them. Due to the symmetrical structure of the works, to which the higher transformer cells lent specific emphases, the architects in the East made use of traditional design elements – such as rows of piers and wall projections on the facades – for longer than their colleagues in the Western part of Berlin.
Viewing the three generations of transformer stations collected in this volume as a whole, their development is obviously characterised by a change in dimensions and more frequent free-standing location, and the growing formulation of a specific architectural type: while the first generation could still be accommodated on an average-sized Berlin building plot, the large, high-capacity second generation exploded this traditional frame of reference and emerged as self-contained architectural volumes. The stations of the post-war generation were constructed in areas of open building, were free-standing like their neighbouring buildings, and – following the stipulations of building law – were usually, like these, set back from the edge of the plot boundaries.
As early as 1931, Wilhelm Lotz – in his now almost forgotten article "Die Tarnkappe der Technik" (Technology's Cloak of Invisibility), published in the magazine *Die Form* – had already established that an inherent law of all technical apparatus is that it is transformed by engineers, as it matures, from large- to pocket-format. And as he demonstrated, the accompanying bodywork and architectural hulls matured along with the technology. They were allotted a double function, for they were not merely to aid the spatial organisation of the installations with their often complexly assembled individual parts, but also intended to protect the machinery and its environment from one another, from a functional and an aesthetic point of view. For this reason, Wilhelm Lotz would have regarded all the generations of transformer stations, rectifiers and network bases presented in this volume as "technology's cloak of invisibility", under the pro-

Umspannwerk Lichtenrade, Ansicht von Westen
Transformer Station Lichtenrade, view from the West

Umspannwerken, Gleichrichtern und Netzstationen als solche „Tarnkappen der Technik" begriffen, unter deren Schutz die technischen Schaltanlagen als stille Nachbarn in die Wohn- und Geschäftsviertel einziehen konnten.

Die in ihnen behausten Apparaturen unterlagen jedoch einer gesetzmäßigen Kurzlebigkeit, die sich spätestens seit der Elektrotechnischen Ausstellung in Frankfurt als eine Grundbedingung der Elektrizitätswirtschaft erwiesen hatte. Zu ihrer jeweiligen Entstehungszeit selbst Ausdruck technischer Innovationen, waren die meisten Anlagen bereits nach wenigen Jahrzehnten durch neue Verfahren technisch überholt und mussten sich wie Chronos' Kinder vor dem eigenen Vater in Acht nehmen. Die alten Apparaturen in den Umspannwerken wurden meist nach ihrer Errichtung mehrfach umgebaut oder durch leistungsstärkere und kleinere Anlagen ersetzt. Nach einigen solchen Umrüstungen hatten sich die Technik und ihre Hülle soweit voneinander gelöst, dass die entstandene Diskrepanz einem weiteren wirtschaftlichen Betrieb entgegenstand. Der nächstfolgende umfassende Erneuerungszyklus forderte dann meist einen an die geänderten Ansprüche angepassten Neubau.

Dem schnellen Wandel der Technik gegenüber erwiesen sich die Bauten als ausgesprochen langlebig. Durch eine kontinuierliche Pflege in gutem Zustand erhalten, erfreuen sich heute viele der nicht mehr betriebsnotwendigen Bauten einer allgemeinen ästhetischen Wertschätzung. Das betrifft nicht nur die auch aufgrund ihrer baukünstlerischen Gestaltung unter Denkmalschutz gestellten Werke der ersten und zweiten Generation, sondern auch die überwiegende Zahl der Bauten der 1950er und 1960er Jahre, deren architektonische Qualitäten seit einigen Jahren sowohl in der Fachwelt als auch von der Öffentlichkeit wiederentdeckt werden.

Wer heute ein nicht mehr betriebsnotwendiges Umspannwerk, ein altes Gleichrichterwerk oder einen Stützpunkt erwirbt, kann sich einiger Vorteile sicher sein: Sie haben nicht nur die offenbar gesetzmäßig zu durchschreitende Talsohle ihrer künstlerischen Wertschätzung hinter sich gelassen, vergleichbar beständig wie die nun erlangte ästhetische Reputation ist auch ihre Substanz,

tection of which the technical switching systems could move silently into areas of housing and shops.

But the machinery housed in them has experienced the same short-lived relevance that was revealed as a basic condition of the electricity industry at the Electronic Engineering Exhibition in Frankfurt. At the time when each of them was built, they expressed technical innovation, but most of the plants had already been overtaken by new processes after only a few decades, and like Chronos' children, they had to beware of their own father. The old installations in the transformer stations were usually converted several times after their erection or replaced by higher-capacity, smaller plants. After several such refits, the technology and its hull had become so divergent that the emerging discrepancy conflicted with further economic running of the stations. The subsequent cycle of renewal usually demanded a new building that had been adjusted to meet altered demands.

By comparison to the rapid changes in technology, the buildings have proved extremely long-lived. Kept in good condition through regular maintenance, today many of the buildings not required for operations are universally appreciated for their aesthetic qualities. This does not only apply to those stations of the first and second generation that have now been listed as a result of their architectural design, but also to the majority of buildings dating from the 1950s and 1960s, whose architectonic qualities were rediscovered by both experts and the public some years ago now.

Today, anyone buying a transformer station, an old rectifier or a network base that is no longer required for operations can be assured of certain advantages: they have not only passed the nadir of aesthetic evaluation – which seems to be a compulsory phase –, their substance is as firm as the aesthetic reputation they have now earned; a substance with considerable trade-in value as a result of their meticulous building methods and continual maintenance. No planned or conceivable presentation of new buildings, however successful, is a match for the principle of what you see is what you get. Of course, the realisation of a new usage in an old building calls for sufficient creative imagi-

10
11
12
13
5
4
3
AUSGANG

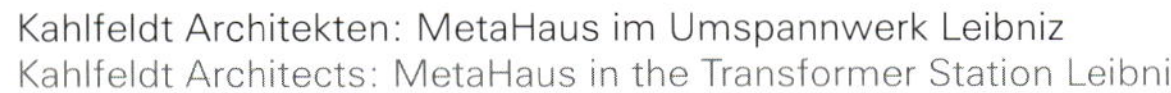
Kahlfeldt Architekten: MetaHaus im Umspannwerk Leibniz
Kahlfeldt Architects: MetaHaus in the Transformer Station Leibniz

die durch eine meist überdurchschnittlich sorgfältige Bauweise und ihre dauerhafte Pflege einen hohen Gebrauchswert besitzt. Dem Prinzip des What You See Is What You Get ist keine noch so gelungene Darstellung geplanter und zukünftig vorstellbarer Neubauten gewachsen. Selbstverständlich braucht es genügend kreative Vorstellungskraft und den professionellen Beistand eines erfahrenen Architekten, um eine neue Nutzung in einem Altbau unterzubringen. Doch wenn die Absichten zum Gebäude, seinen Potentialen und seiner Lage passen, können sich die neue Funktion und der vorgefundene Bestand zu einer gelungenen Symbiose verbinden. Dabei erweist sich die Revitalisierung eines Altbaus gegenüber einem Neubau nicht allein als eine meist kostengünstigere Lösung für den neuen Eigentümer; durch seine Entscheidung für das Weiterbauen am und mit dem Bestand werden zudem materielle Ressourcen geschont, Zeugnisse der Baugeschichte bewahrt und oft unter der „Tarnkappe der Technik" neue Impulse in die Nachbarschaften gebracht.

nation and professional support from an experienced architect. But when the project is suited to the building, its potentials and its position, the new function and the existing architecture are able to merge in a successful symbiosis. In this context, the rejuvenation of an old building by comparison to new building not only proves the most reasonably-priced solution for the new owner; his decision for further development of and with existing architecture also means that material resources are conserved, testimony to architectural history is saved, and new catalysts are often introduced into neighbourhoods under "technology's cloak of invisibility".

Umspannwerk Idastraße, Schaltzellen
Transformer Station Idastraße, switching cells

Umspannwerke im Wandel
Changing Transformer Stations

Sergei Tchoban: Synagoge im Umspannwerk Wilmersdorf
Sergei Tchoban: Synagogue in the Transformer Station Wilmersdorf

Synagoge und orthodox-jüdisches Gemeindezentrum im Umspannwerk Wilmersdorf

Synagogue and Orthodox Jewish Community Centre in the Transformer Station Wilmersdorf

Standort Location Münstersche Straße 6, 10709 Berlin-Wilmersdorf
Eigentümer Owner Szloma-Albam-Stiftung
Umbau Conversion Sergei Tchoban
nps tchoban voss GbR Architekten BDA
A.M. Prasch P. Sigl S. Tchoban E. Voss
Grundstücksgröße Size of plot 3.731 m²
Bebauungsplan Development plan B-Plan IX-17 / GFZ 0,6 Plot ratio 0,6
Bruttogrundfläche Gross floor area 1.581 m² / ohne Kellerangabe without basement
Denkmalschutz Listed nein no

Das Gebäude befindet sich sehr zentral gelegen im westlichen Zentrum Berlins unweit des Kurfürstendamms. In einem Fußweg von zehn Minuten ist an der U-Bahnlinie U7 der Bahnhof Konstanzer Straße zu erreichen. Eine weitere Station entfernt liegt der Kreuzungsbahnhof U7/U3 Fehrbelliner Platz. Die nahe Anbindung an den südlichen Berliner Autobahnring ist fünf Minuten entfernt.

Das 1922 von Otto Hanke für die „Elektrizitätswerk Südwest AG" errichtete und 1929 durch einen Anbau an der Südseite erweiterte Umspannwerk wurde erst 1938 durch die Bewag übernommen. Durch die an klassischen Vorbildern orientierte Fassadensprache sollte sich das Werk in die Umgebung aus freistehenden, repräsentativen Wohnhäusern einfügen. Die klassisch orientierte Fassadenordnung wird durch eine flach angelegte Pilasterordnung gebildet (Kolossalordnung). Die Basen der Pilaster ruhen auf einem starken Klinkersockel. Auffällig ist der Wechsel von doppelter und einfacher Pilasterfolge, wobei, an den Gebäudekanten mit einer doppelten Pilasterstellung jeweils begonnen, sechs Rücklagen zur Aufnahme der Fensterreihen gebildet werden. Die hochrechteckigen Fenster sind mit waagrechter Sprossenteilung versehen. Den oberen Abschluss der Fassade bildet ein Architrav, auf dem ein Dreiecksgiebel ruht, dessen Außenkanten die Form sehr stark betonen. Die zweigeschossige Schaufassade des repräsentativen Gebäudes lässt keinen Rückschluss auf die ursprünglich technische Nutzung zu, die würdevolle Gestaltung ist der umgebenden Bebauung geschuldet. Die Nutzung als Umspannwerk, Trafostation und späteres Lichtlabor für Straßenbeleuchtung wurde 1973–74 mit dem Neubau eines modernen Abspannwerks auf dem Nachbargrundstück aufgegeben.

Das Gebäude wurde 2004 an die Szloma-Albam-Stiftung verkauft und wird der orthodox-jüdischen Gesellschaft Chabad Lubawitsch für 99 Jahre zur Verfügung gestellt. Der Umbau für die Gemeinde erfolgte nach den Plänen der Architekten nps tchoban voss. Gebäudehülle und Fenster blieben dabei weitestgehend erhalten, lediglich an der Straße wurde ein repräsentativer Eingang angelegt. Die ehemalige Transformatorenhalle wurde zur orthodoxen Synagoge ausgebaut und im Untergeschoss ein traditionelles jüdisches Ritualbad (Mikwe) eingerichtet. Seminarräume, eine Bibliothek, ein Raum für Kindergottesdienste, ein Café und ein Festsaal mit angeschlossener koscherer Küche bieten Platz für verschiedene religiöse und kulturelle Veranstaltungen der jüdischen Gemeinde und ihrer Besucher.

The building occupies a very central position in the western centre of Berlin, not far away from the Kurfürstendamm. The underground station Konstanzer Straße on the line U7 is only a ten-minute walk away. A station further on, one reaches the junction of the two lines U7/U3 at the station Fehrbelliner Platz. The southern Berlin motorway ring can be reached in about five minutes.

The transformer station, which was built by Otto Hanke for the "Elektrizitätswerk Südwest AG" in 1922 and extended to the South in 1929, was not taken over by the Bewag until 1938. The intention was to fit the station into the surrounding area of free-standing, representative residential properties by adopting a stylistic language oriented on classical models. The neo-classical layout of the facade is created with a flat arrangement of pilasters (colossal order). The pilaster bases rest on a solid brick plinth. Double and single pilasters are strikingly alternated; this pattern begins at the building's corners with a double pilaster, forming six recessed areas to accommodate the rows of windows. The vertical windows are divided by horizontal astragals. The facade's upper termination is an architrave with a triangular gable above it; the outer edges are moulded, accentuating the triangular figure. The two-storey, main facade of the representative building gives no indication of its original technical use; the rather grand design is a consequence of the surrounding buildings. Use as a transformer station and later as a light lab for street lighting was abandoned in 1973–74, when a new transformer station was erected on the adjoining plot.

The building was sold to the Szloma-Albam Foundation in 2004 and subsequently made available to the Orthodox Jewish society Chabad Lubawitsch for 99 years. The building's conversion for the community took place on the basis of plans by the architects nps tchoban voss. Its shell and windows remained largely untouched, but a representative entrance onto the street has been added. The former transformer hall has been developed into an orthodox synagogue and fitted out with a traditional Jewish ritual bath (Mikwe) in the basement. Seminar rooms, a library, a room for children's services, a café and a ballroom with adjoining kosher kitchen offer the context for various religious and cultural events of the Jewish community and its guests.

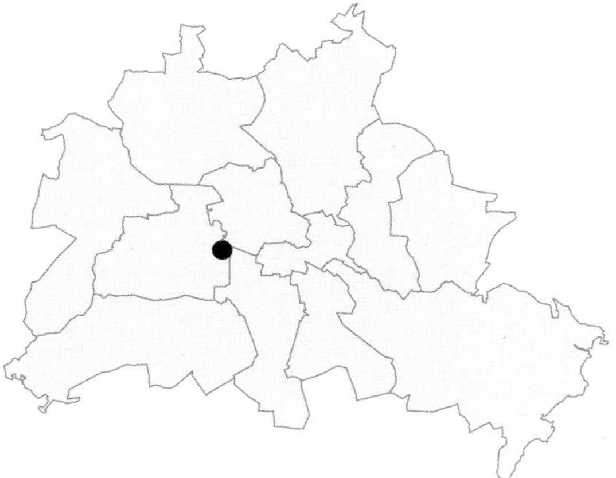

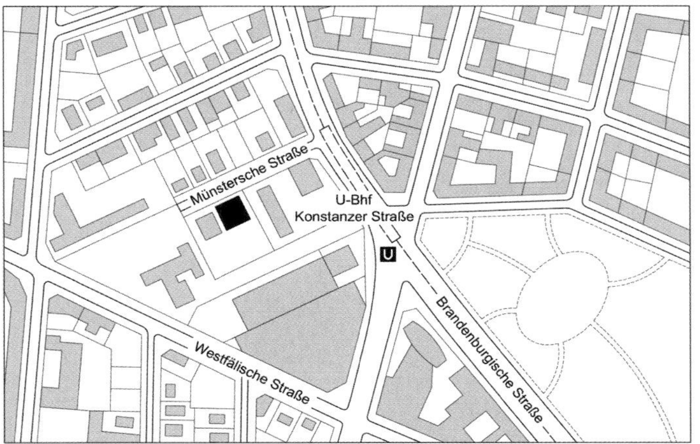

Lageplan Plan of site 1:7500

Gebetsraum mit Empore Prayer room with gallery

Fassade Norden North facade 1:333

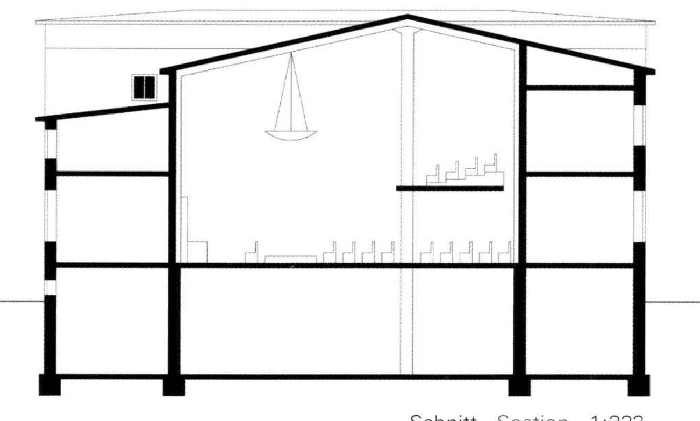

Schnitt Section 1:333

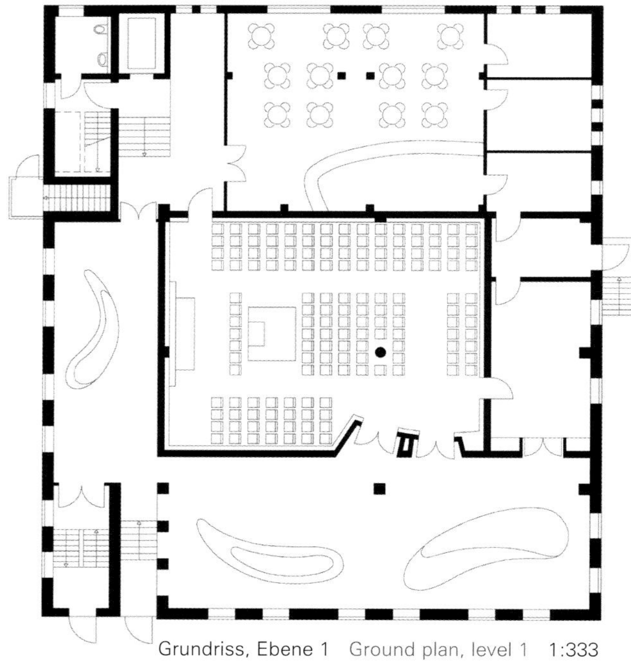

Grundriss, Ebene 1 Ground plan, level 1 1:333

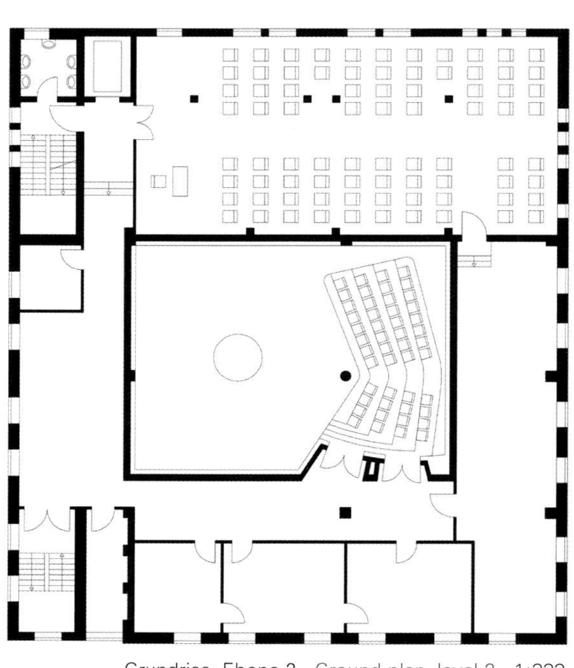

Grundriss, Ebene 2 Ground plan, level 2 1:333

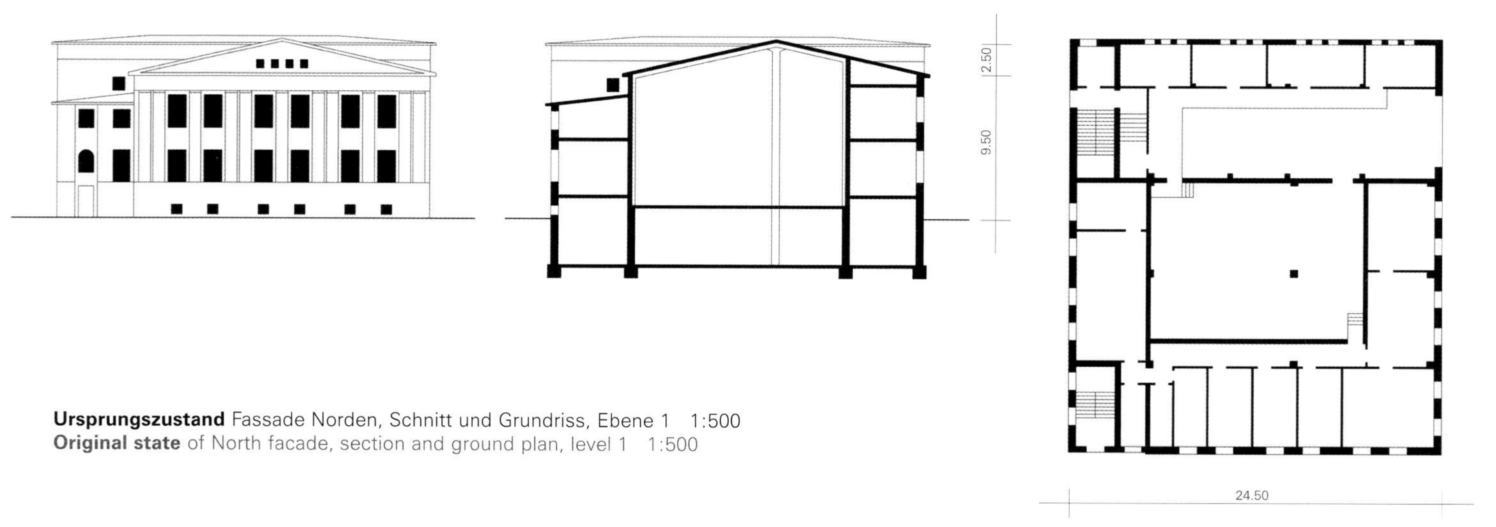

Ursprungszustand Fassade Norden, Schnitt und Grundriss, Ebene 1 1:500
Original state of North facade, section and ground plan, level 1 1:500

Eingangsbereich Entrance area

Gebetsraum Prayer room

Musik- und Filmsynchron-Produktion im Umspannwerk Friedenau

Production of Music and Film Synchronisation in the Transformer Station Friedenau

Standort **Location** Rheingaustraße 30, 12161 Berlin-Schöneberg
Eigentümer **Owner** Andreas Hommelsheim, Blackbird Music, Musik- und Filmsynchron Produktion GmbH
Umbau **Conversion** Michael Stark, SHS Architekten
Grundstücksgröße **Size of plot** 1.949 m²
Flächennutzungsplan **Land-use plan** Wohnbaufläche W1 / GFZ 1,5
Housing area W1 / Plot ratio 1,5
Bruttogrundfläche **Gross floor area** 1.339 m² / ohne Kellerangabe without basement
Denkmalschutz **Listed** nein no

Das Grundstück liegt im zentralen Stadtteil Berlin-Schöneberg an der Bezirksgrenze zu Zehlendorf zwischen dem durch die U-Bahnlinie 3 angebundenen Breitenbachplatz und dem Walther-Schreiber-Platz, der über die U-Bahnlinie 9 direkt das Zentrum „Zoo" anbindet. Der Berliner Stadtautobahnring (Kreuz Schöneberg) ist mit dem PKW in zehn Minuten zu erreichen.
Der 1905 als Gemeindekraftwerk für Friedenau errichtete Gebäudekomplex besteht aus einem Wohnhaus und dem ehemaligen Kraftwerksteil, in dem Strom für die umliegenden Bezirke erzeugt bzw. umgespannt wurde. Ursprünglich produzierten ein Paar Zwillings-Dieselmotoren mit bis zu 600 PS Gesamtleistung Strom für die benachbarte Wohnbebauung. Nach Stilllegung des Kraftwerks wurde der Standort als Abspannwerk genutzt.
Das zwei- bis dreigeschossige Wohnhaus mit vier Wohneinheiten wurde als verputzter Mauerwerksbau errichtet. Das Dach ist als Krüppelwalmdach mit Ziegeleindeckung ausgebildet. Die ehemalige Maschinenhalle ist ebenfalls ein massiver Mauerwerksbau mit alter Kranbahn, Stahlbinder-Satteldach und Ziegeleindeckung. 1956 erfolgte eine Erweiterung über zwei der insgesamt acht Gebäudeachsen durch eine zweigeschossige Meisterstelle mit Büro- und Sanitärräumen, 1975 wurden nochmals zwei Felder angefügt.
Seit den 1990er Jahren wurde der Gewerbeteil nicht mehr genutzt und stand leer. Die Wohnungen waren meist vermietet. 2002 konnte für den Gewerbeteil als Mieter die Firma Blackbird Music GmbH gewonnen werden, die noch im selben Jahr mit den Umbaumaßnahmen zu einem modernen Tonstudio begann. Für die Planung und Bauleitung zeichneten SHS Architekten, Berlin, verantwortlich unter Mitwirkung von HMP Architekten, München. Die stillgelegte Maschinenhalle wurde komplett entkernt und unter Einzug dreier neuer Ebenen für ein Tonstudio ausgebaut. Sämtliche Räume wurden von international anerkannten Akustikern geplant.
Seit dem Einzug im Jahr 2003 befindet sich der Hauptsitz der Firma Blackbird Music auf dem Grundstück. 2006 wurde der Mietvertrag aufgelöst und Blackbird Music erwarb den gesamten Standort. Das umfangreiche Dienstleistungsspektrum von Blackbird Music erstreckt sich u.a. von Musik-, Film- und Fernsehsynchronisation in Sprache, Geräuschen und Soundtrack über Originaltonbearbeitung, Werbung, Multimedia-Anwendungen bis zu Musikoriginalproduktionen.

The plot is situated in the central urban district of Berlin-Schöneberg, on the boundary to Zehlendorf, between Breitenbachplatz – with a connection to the underground line U3 – and Walther-Schreiber-Platz, which provides a direct connection to the centre "Zoo" via the underground line U9. The Berlin city motorway ring (junction Schöneberg) is 10 minutes away by car.
Built in 1905 as the borough power station for Friedenau, the complex of buildings consists of a residential property and the former power station, where electricity for the surrounding districts was produced or converted. Originally, twin diesel motors with an overall capacity of up to 600 PS produced electricity for the neighbouring housing. After the closure of the power plant, the location was used as a transformer station.
The two- and three-storey residential property with four apartment units is a rendered masonry structure. The roof is half-hipped and decked with tiles. The former machine shed is also a massive masonry structure with an old crane runway. Its saddle roof has steel-binding beams and is decked with tiles. In 1956, an extension was built across two of the eight axes, creating a two-storey foreman's area with offices and sanitary facilities; another two axes were added in 1975.
Since the 1990s, the commercial section had not been used and was standing empty. However, most of the apartments were rented. In 2002, the company Blackbird Music GmbH was won over as tenant for the commercial area, and conversion measures to create a modern sound studio were begun in the same year. Collaborating with HMP Architects from Munich, SHS Architects, Berlin were responsible for planning and site management. The closed-down machine shed was completely gutted and developed into a sound studio by adding three new levels. All the rooms were planned by internationally recognised acoustics experts.
The head office of the company Blackbird Music has been at the location since the firm moved here in 2003. In 2006, the lease contract was terminated and Blackbird Music acquired the entire site. The comprehensive service spectrum provided by Blackbird Music ranges from music, film and television language synchronisation to sounds and soundtracks, original sound processing, advertising, multimedia-applications and original music production.

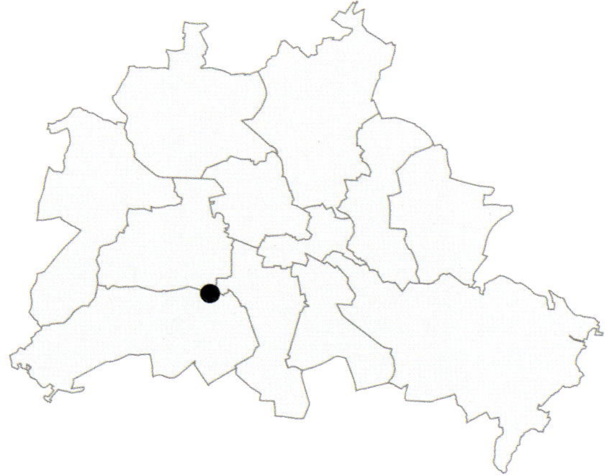

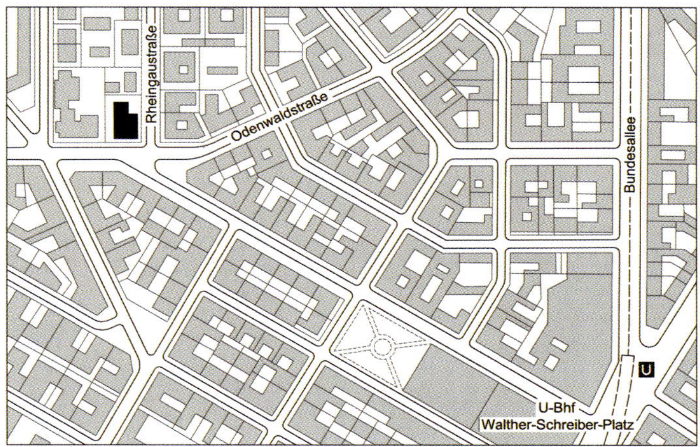

Lageplan Plan of site 1:7500

Treppenhaus in der ehemaligen Maschinenhalle Stairwell in the former machine hall

Fassade Süden South facade 1:333

Treppenturm Stairwell tower

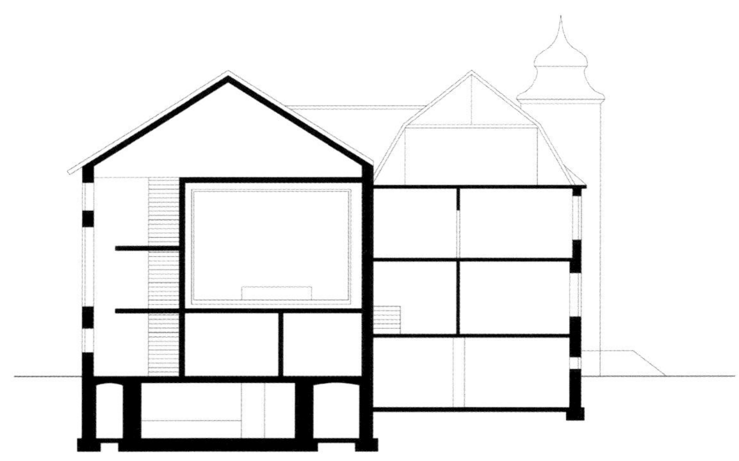
Schnitt Section 1:333

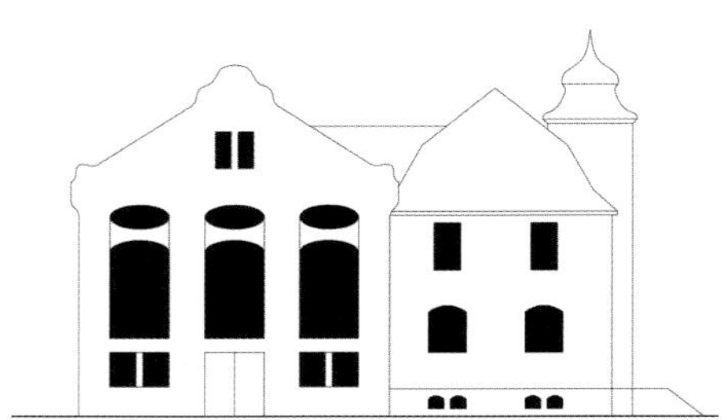

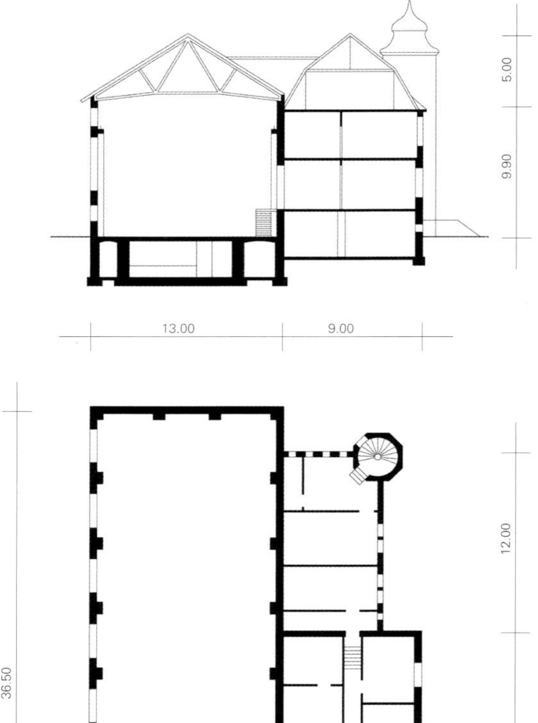

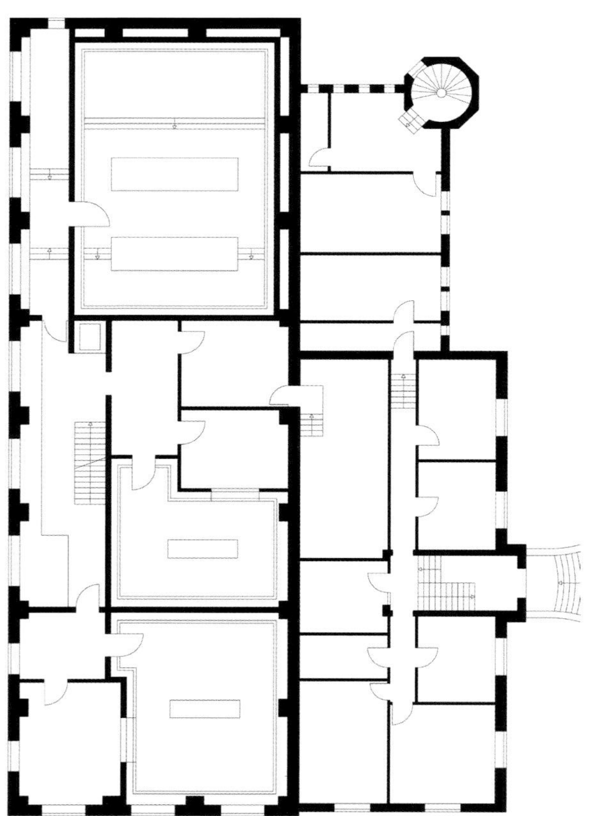
Grundriss, Ebene 1 Ground plan, level 1 1:333

Ursprungszustand Fassade Süden, Schnitt und Grundriss, Ebene 1 1:500
Original state of South facade, section and ground plan, level 1 1:500

Tonstudio, Synchronisation Sound studio, synchronisation

Vorführsaal Projection room

Ansicht von Süden View from the South

Wohnhaus F. im Umspannwerk Lichterfelde-Ost
Residential Property F. in the Transformer Station Lichterfelde-Ost

Standort Location Marienplatz 12, 12207 Berlin-Lichterfelde
Umbau Conversion Wulf Fiedler, Architekt
Grundstücksgröße Size of plot 1.277 m²
Bruttogrundfläche vor Umbau Gross floor area pre-conversion
379 m² / ohne Kellerangabe without basement
Bruttogrundfläche nach Umbau Gross floor area post-conversion
684 m² / ohne Kellerangabe without basement
Denkmalschutz Listed nein no

Das Grundstück des Umspannwerks Lichterfelde befindet sich in einer sehr guten Wohnlage des Bezirks Berlin-Steglitz im Ortsteil Lichterfelde. Das am Marienplatz gelegene Grundstück ist über den nahe gelegenen S-Bahnhof Lichterfelde Ost in direkter Linie an den Potsdamer Platz und den Bahnhof Friedrichstraße angebunden. Die Grünzonen des nahe gelegenen Teltowkanals sind fußläufig zu erreichen.
In den 1950er Jahren zur Energieversorgung der umgebenden Wohnbauten errichtet, wurde das in massiver Bauweise erstellte Umspannwerk nach knapp 40-jähriger Betriebszeit vom Netz genommen.
Der Vattenfall-Vorgängergesellschaft Bewag gelang der Verkauf der nicht mehr betriebsnotwendigen Immobilie bereits 1999. Nicht nur die sehr gute Lage im Herzen des Wohngebiets führten zum schnellen Verkauf, sondern auch die solide Substanz und der gute Bauwerkszustand. Das Gebäude wurde vom Architekten Wulf Fiedler erworben und bis 2001 zu einem Wohnhaus für drei Parteien ausgebaut.
Durch Aufstockung und Erweiterung konnte der ehemals sehr schlichte verputzte Bau erfolgreich zu einem modernen lichtdurchfluteten Wohngebäude in ruhiger grüner Wohnlage umgenutzt werden. Keiner der bestehenden Gebäudeteile wurde abgerissen, sondern es konnte die vorhandene Bausubstanz um eine Aufstockung des flachen Baukörpers ergänzt werden. Großzügige Terrassenflächen, dunkle Fensterrahmen und ein weißer Putz verleihen dem neuen eleganten Gebäude ein zeitgemäßes Erscheinungsbild.

The plot of the transformer station Lichterfelde is situated in a very good residential area in Lichterfelde, part of the district Berlin-Steglitz. The plot is located on Marienplatz and has a direct city-railway connection (the station Lichterfelde Ost is close by) to Potsdamer Platz and Friedrichstraße station. Green areas beside the Teltow canal are walking distance away.
Built in the 1950s to supply power to the surrounding residential buildings, the small-scale, solid- construction transformer station was removed from the network after almost forty years in operation.
Vattenfall's predecessors, Bewag, already managed to sell the obsolete property in 1999. It was not only its excellent position at the heart of a residential district that led to a quick sale, but also its solid architectural substance and good condition. The building was acquired by the architect Wulf Fiedler, who had developed and converted it into a residential property with three housing units by 2001.
By adding a storey and extending the formerly simple, rendered structure, it was successfully adapted into a modern, light-flooded property in a quiet and green residential area. None of the building parts was demolished; the existing substance was supplemented by the addition of a storey to the low, flat body of the building. Extensive terrace areas, dark window frames and white rendering give the new, elegant building a contemporary look.

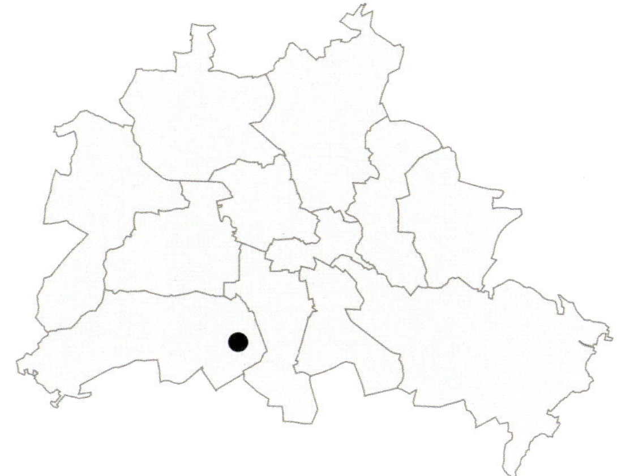

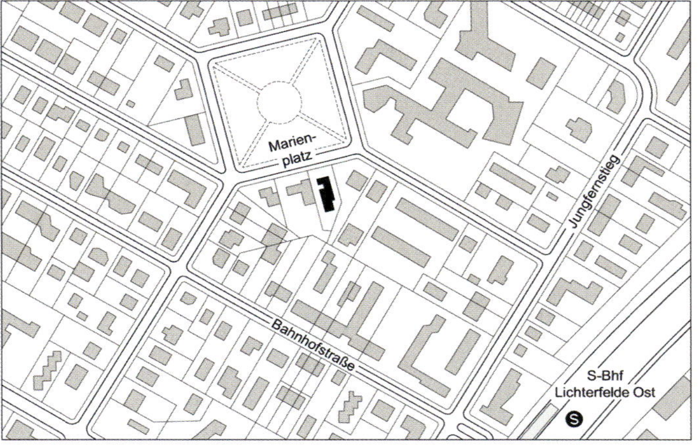

Lageplan Plan of site 1:7500

Blick von Norden in den Garten View from the North into the garden

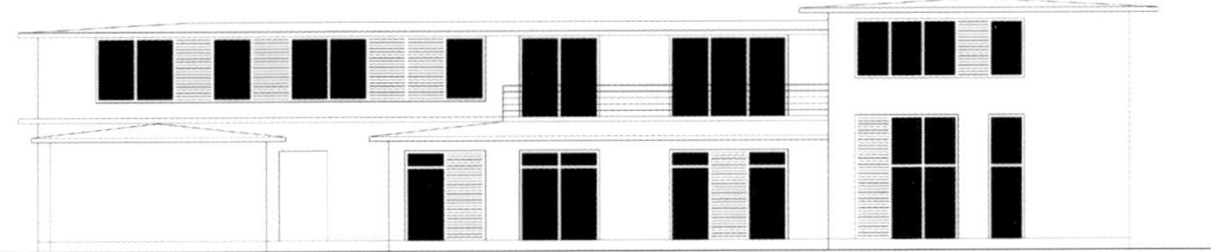

Fassade Westen West facade 1:333

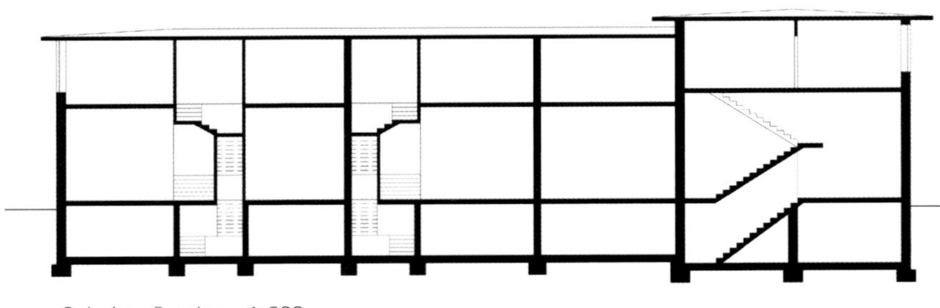

Schnitt Section 1:333

Grundriss, Ebene 2 Ground plan, level 2 1:333

Ursprungszustand um 1960
Original state, c. 1960

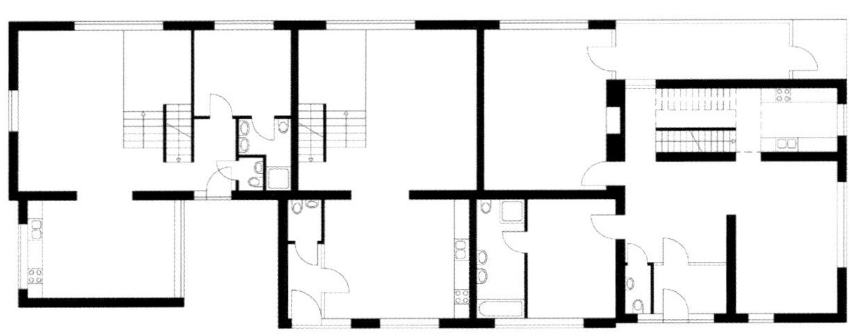

Grundriss, Ebene 1 Ground plan, level 1 1:333

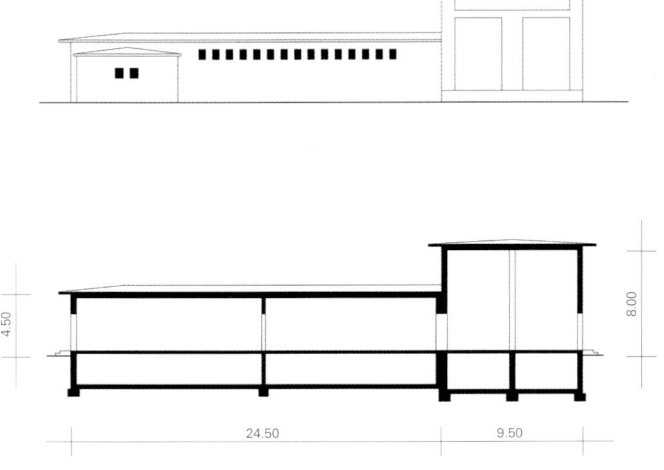

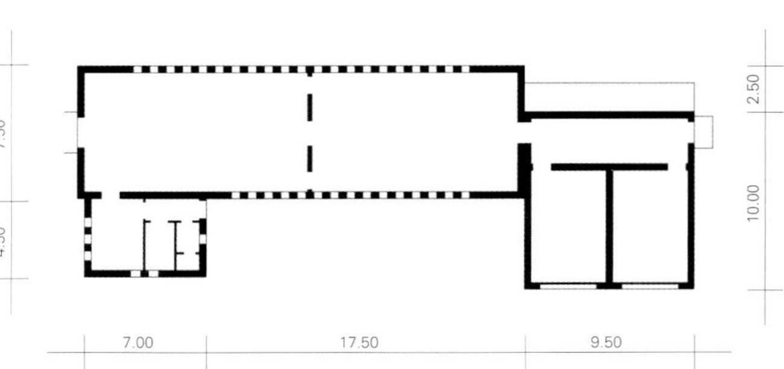

Ursprungszustand Fassade Westen, Schnitt und Grundriss, Ebene 1 1:500
Original state of West facade, section and ground plan, level 1 1:500

Treppenraum Stairwell

Durchblicke Vistas

Wohnbereich Living area

Ehemalige Transformatorenkammern View onto the former transformer cells

Wohnhaus K. im Gleichrichterwerk Zehlendorf
Residential Property K. in the Rectifier Plant Zehlendorf

Standort **Location** Machnower Straße 83, 14165 Berlin-Zehlendorf
Umbau **Conversion** Kahlfeldt Architekten
Grundstücksgröße **Size of plot** 1.586 m²
Flächennutzungsplan **Land-use plan** Wohnbaufläche W3 / GFZ bis 0,8
Housing area W3 / Plot ratio 0,8
Bruttogrundfläche **Gross floor area** 470 m² / ohne Kellerangabe without basement
Planung **Planning** 2006
Bauzeit **Construction period** 2007
Denkmalschutz **Listed** ja yes

Das Werk Zehlendorf gehört zu einer baugleich ausgeführten Reihe von Gleichrichtern, die in den Außenbezirken Berlins die Stromversorgung der Straßenbahnen sicherstellten. Über drei Transformatoren im Erdgeschoss wurde der Drehstrom zu den Sammelschienen und Gleichrichtern im Obergeschoss geleitet. Die vollautomatischen Anlagen waren axialsymmetrisch gegliedert und der einfache Baukörper wird durch seitlich angefügte Treppenhäuser strukturiert.

Der Typenentwurf fand 1928 im Villenvorort Zehlendorf keine Zustimmung und Hans Heinrich Müller musste eine gestalterische Überarbeitung vornehmen. Handschriftlich skizzierte Müller in den Bauantrag eine Verlagerung der Trafoentlüftung in aufgesetzte Schächte, deren dreieckige Grundform in ein lagenweise auskragendes Kranzgesims einschneidet. Mauerwerkskonsolen tragen die Schächte und an den Ecken bildet sich ein gotisches Erkermotiv. Die präzise ausgeführten Details verdeutlichen die konstruktive Logik des Backsteinbaus und erinnern so an persische Palastbauten, mittelalterliche Wehranlagen und an die preußische Ziegeltradition einer auf das Wesentliche reduzierten Formensprache mit akkurat gesetzten Volumen. Diese von zeitbezogenen Einflüssen unberührte Erscheinung und die gestalterische Verdrängung der Funktion ermöglicht einen dauerhaften Gebrauch des Gebäudes, auch nach dem Wegfall der ursprünglichen Nutzung.

Der Umbau für zwei Familien erhält sowohl die innere Struktur als auch das äußere Erscheinungsbild. Notwendige neue Öffnungen werden wie selbstverständlich in die Gesamtheit integriert und dadurch nicht wahrgenommen, hinter die bestehenden Tür- und Fensteranlagen sind zusätzliche Isolierverglasungen gesetzt. In den Trafokammern befinden sich die Wohnräume; die Funktionsräume werden nach Erfordernis mittels leichter Trennwände innerhalb der vorhandenen Stahlskelettstruktur untergebracht.

The Zehlendorf plant is one of a series of architecturally identical rectifier plants that ensured power supplies to trams in Berlin's peripheral districts. The alternating current was directed to the busbars and rectifiers on the top floor via three transformers on the ground floor. The fully automatic installations were arranged with axial symmetry, and the simple architectural volume is structured by stairwell annexes at the sides.

In 1928, the standard-type design met with no agreement in the Zehlendorf area of suburban villas, and Hans Heinrich Müller was compelled to adapt the plans. In the building application, Müller hand-sketched his proposed removal of the transformer vents to additional shafts, the basic triangular form of which cuts into a cornice that projects in folds. Masonry corbels bear the shafts, and a Gothic bay motif is created at the corners. The precisely realised details clarify the constructive logic of the brick building, thus recalling Persian palaces, mediaeval fortifications and the Prussian brick tradition; a formal language reduced to the essentials, with meticulously placed volumes. Since the building's appearance is untouched by temporal references and its design conceals its function, lasting utilisation is possible even after the original purpose has become redundant.

The conversion for two families retains both the internal structure and the external appearance. Necessary new openings are integrated naturally into the whole and thus unperceived; additional insulating glazing is set behind the existing doors and windows. The living rooms are located in the transformer chambers; wherever necessary, functional rooms are accommodated within the existing steel-skeleton structure by means of light dividing walls.

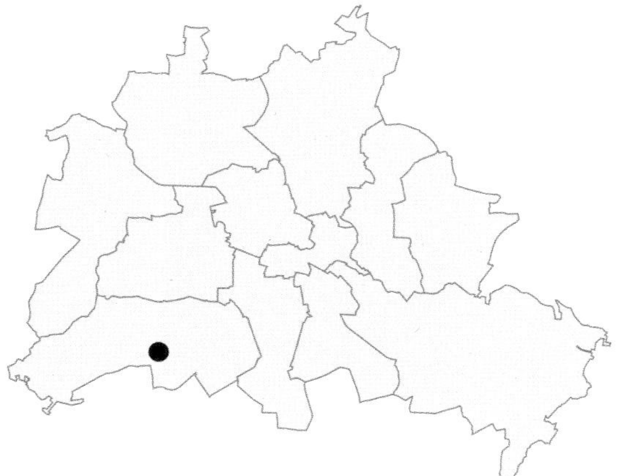

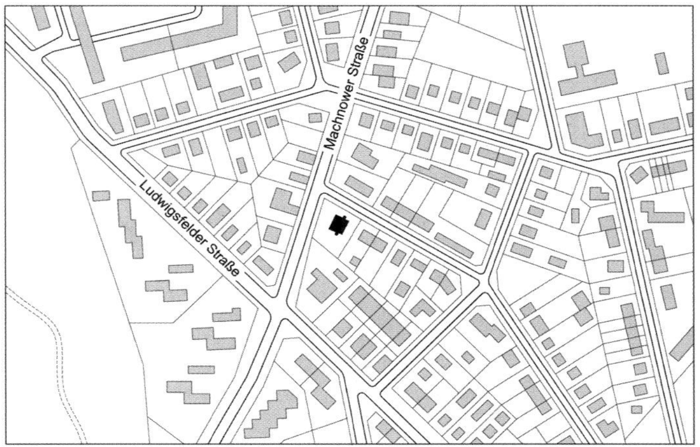

Lageplan Plan of site 1:7500

Ansicht von Norden View from the North

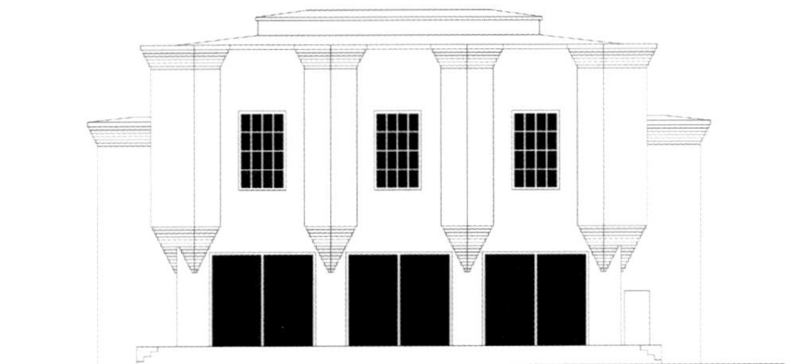

Fassade Nordwesten   Northwest facade   1:333

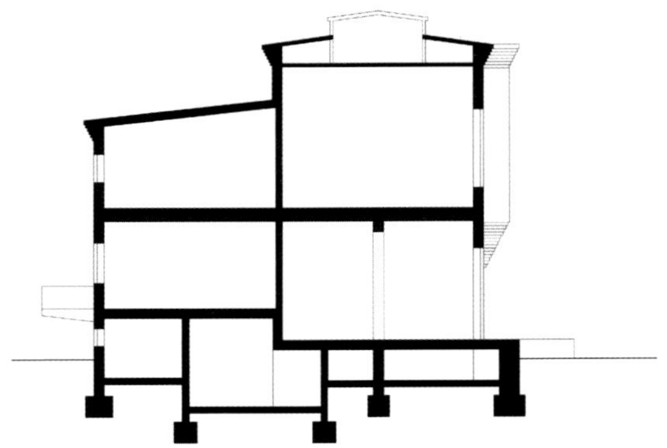

Schnitt   Section   1:333

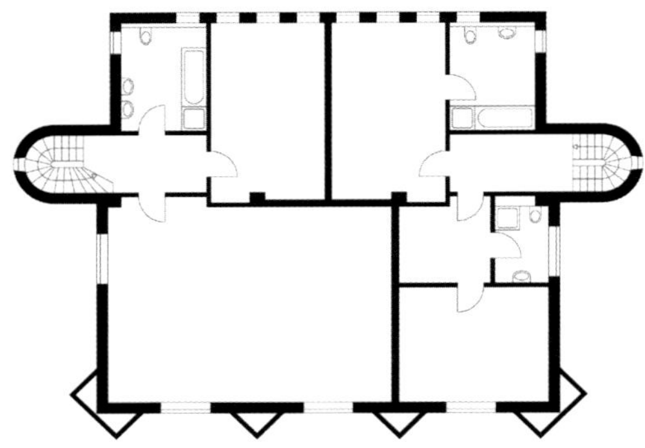

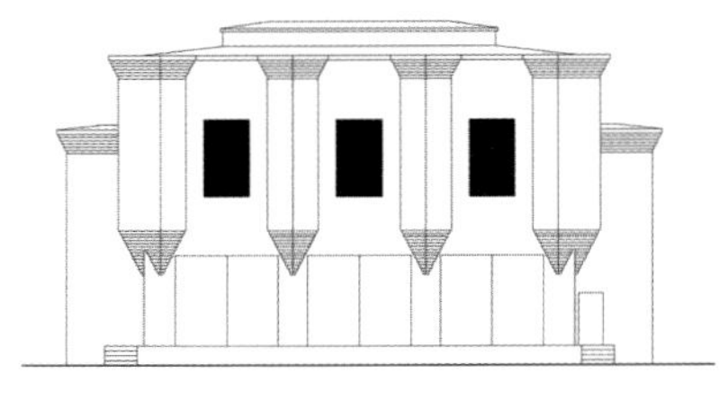

Grundriss, Ebene 2   Ground plan, level 2   1:333

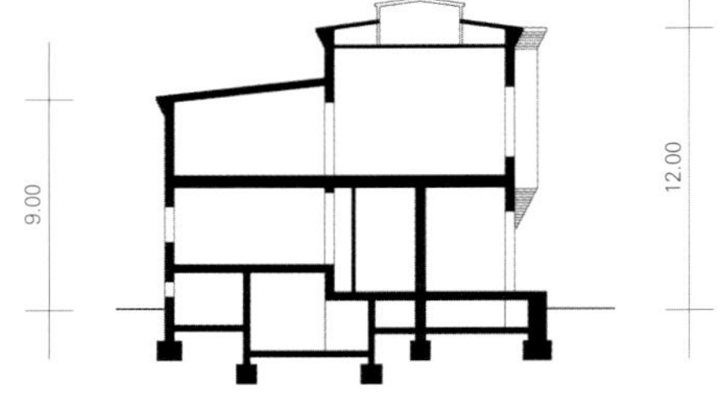

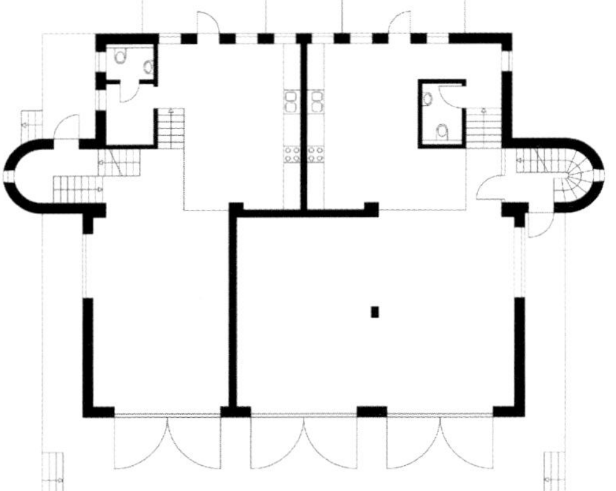

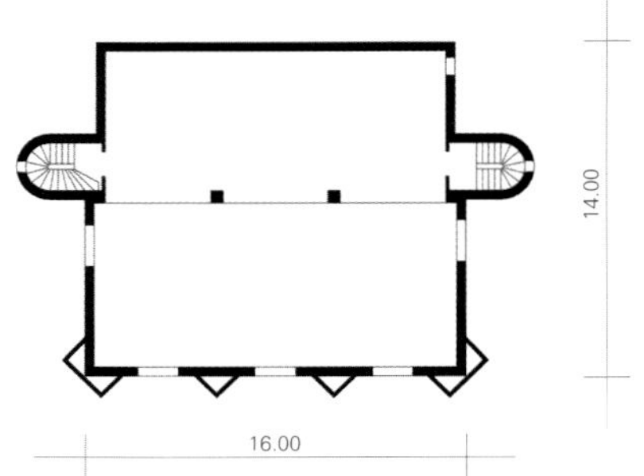

Grundriss, Ebene 1   Ground plan, level 1   1:333

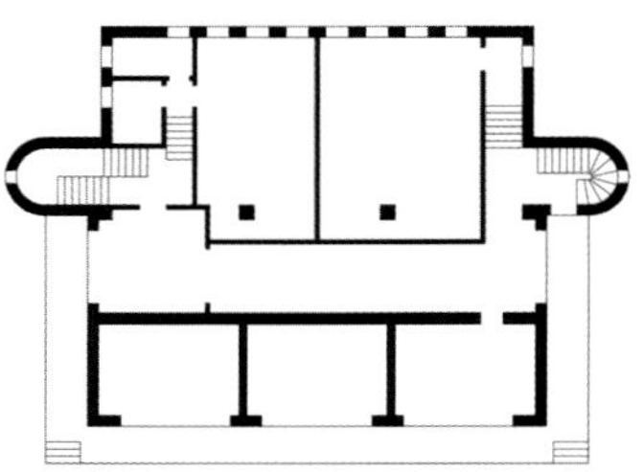

Ursprungszustand Fassade Nordwesten, Grundrisse, Ebene 1 und 2   1:500
Original state of West facade, section and ground plan, level 1 and 2   1:500

Vor dem Umbau: Ebene 1 mit Split-level
Before conversion work: Level 1 with split-level

Vor dem Umbau: Ebene 2
Before conversion work: Level 2

Ansicht von Nordwesten View from the Northwest

Umspannwerke mit Potential
Transformer Stations with Potential

Umspannwerk Oberspree, Blick auf die Schaltwarte
Transformer Station Oberspree, view of the switching centre

S
15,6

Umspannwerk Tiergarten
Transformer Station Tiergarten
Wilhelmshavener Straße 7

Standort Location Wilhelmshavener Straße 7, 10551 Berlin-Tiergarten
Grundstücksgröße Plot size 1.451 m²
Flächennutzungsplan Land-use plan Wohnbaufläche W1 / GFZ über 1,5
Housing area W1, Plot ratio over 1,5
Bruttogrundfläche Gross floor space 2.196 m² Vorderhaus Front house
2.478 m² Hinterhaus Courtyard building / jeweils ohne Kellerangabe each without basement
Denkmalschutz Listed ja yes

Das Grundstück des ehemaligen Umspannwerks Wilhelmshavener Straße erstreckt sich durch den gesamten Berliner Block zwischen Wilhelmshavener Straße und Stromstraße. Direkt an der Stromstraße befindet sich das UW Stromstraße, das weiterhin betrieben wird. Nicht mehr im Betrieb und deshalb für Umnutzungen vorgesehen sind das direkt an der Wilhelmshavener Straße gelegene ehemalige Umspannwerk von 1901 und das Gebäude im Hofbereich von 1925. Beide Gebäude sind in der Denkmalliste Berlin als Baudenkmal geführt. Erschlossen wird das Grundstück von der Wilhelmshavener Straße über die Durchfahrt im vorderen Gebäude. Das hintere Quergebäude ist zusätzlich von der Stromstraße über eine große offene Durchfahrt durch das neue Umspannwerk erreichbar.

Das 1901 nach Plänen von Oskar Springmann und dem Fassadenentwurf von Franz Heinrich Schwechten für die Versorgung der Moabiter Haushalte und der Straßenbahn errichtete Umspannwerk besteht aus dem Kellergeschoss, einem hohen Erdgeschoss und zwei deutlich niedrigeren Obergeschossen. Die repräsentative Gestaltung der geputzten Hauptfassade zur Wilhelmshavener Straße ist weitgehend im Ursprungszustand erhalten und weist im Erdgeschoss große, hohe Arkadenfenster, Pilaster, Putzbänder, Stuckdekor und ein kräftiges Konsolgesims auf. Nur die hohen Rundbogenfenster im Erdgeschoss und einzelne Details, wie ein Blitz auf dem Schlussstein über der Tordurchfahrt, verweisen auf die ursprüngliche Nutzung.

Die Hoffassade des Vorderhauses wurde im Gegensatz zur palazzoartigen Straßenfassade als schlichter Gebäudeabschluss in Sichtmauerwerk ausgeführt. Dabei erhielt das Erdgeschoss hohe Rundbogenfenster, während die Fenster im Obergeschoss mit Segmentbögen überspannt wurden. Aufgrund der hohen Lasten der Maschinen und Anlagen wurden die Decken als Kappendecken mit geringen Trägerabständen ausgeführt. Die Umfassungswände bestehen aus massivem Mauerwerk. Erschlossen wird das Gebäude über die Treppenanlage am Eingang der Durchfahrt sowie ein hofseitig vorspringendes Treppenhaus. Da das Gebäude im Innenbereich mehrfach umgebaut wurde, ist nur noch im Erdgeschoss der ursprüngliche Zustand mit verschiedenfarbig glasierten Ziegeln weitgehend erhalten. Die technischen Anlagen gingen endgültig 1986 außer Betrieb, nachdem das auf demselben Grundstück, aber zur Stromstraße hin errichtete neue Umspannwerk seinen Betrieb aufgenommen hatte. Die technischen Anlagen sind weitgehend entfernt worden.

Ein als hofseitiger Querflügel ausgeführter dreigeschossiger Erweiterungsbaumit Maschinensaal, ebenfalls sehr hohem Erdgeschoss und zwei niedrigeren Obergeschossen sowie einem nutzbaren Dachgeschoss entstand 1926 nach Plänen von Hans Heinrich Müller. Die flächig angelegte Ziegelfassade wird durch einen über das Dach hinausragenden Treppenturm, die tief eingeschnittenen Fenster und das für Müller typische Gesims

The plot of the former transformer station Wilhelmshavener Straße extends through the whole block from Wilhelmshavener Straße to Stromstraße. The transformer station Stromstraße, which is still in operation, is located directly on Stromstraße. No longer in operation, and therefore intended for re-use, are the former transformer station situated directly on Wilhelmshavener Straße, dating from 1901, and the building in the courtyard area, dating from 1925. Both buildings are listed among Berlin's architectural monuments. The plot is accessed from Wilhelmshavener Straße via the gateway in the front building. The transverse building at the back can also be accessed from Stromstraße via a large, open gateway through the new transformer station.

Built in 1901 on the basis of plans by Oskar Springmann and with a facade designed by Franz Heinrich Schwechten, the transformer station was to supply power to households in Moabit and to the tramways. It consists of a cellar, a high ground floor and two much lower upper floors. Most of the representative design of the rendered main facade to Wilhelmshavener Straße has survived in its original state; on the ground floor, there are large, high arcaded windows, pilasters, plaster belts, stucco decor and a striking console cornice. Only the high round-arch windows of the ground floor and some isolated details, such as a streak of lightning on the keystone above the gateway, point to the building's original function.

The courtyard side of the front building, by contrast to the palazzo-like street facade, uses exposed masonry to create a simple termination. The ground floor was given round-arch windows, while the windows of the upper floor have segmental arches. As a result of the great weight of machinery and installations, the ceilings were constructed as cap vaults with only short intervals between the supports. The surrounding walls are massive masonry. The building is accessed via stairs at the gateway entrance and a jutting stairwell on the courtyard side. As the interior of the building has been converted several times, its original state – with differently-coloured, glazed bricks – has only been preserved to any extent on the ground floor. The technical installations were decommissioned in 1986, after a new transformer station was built on the same plot, although facing onto Stromstraße, and put into operation. Most of the technical installations have been removed.

There is a three-storey extension within the block, realised as a transverse wing on the courtyard side. Built in 1926 according to plans by Hans Heinrich Müller, it consists of a machine shed, a very high ground floor, two lower upper floors and a utilisable attic. The brick facade is characterised by a stairwell tower extending beyond the roof, deep-set windows and the cornice that is so typical of Müller's work. The order of floors and rooms is marked on the facade by narrow vertical windows, divided by masonry piers. The high windows progress across the full height

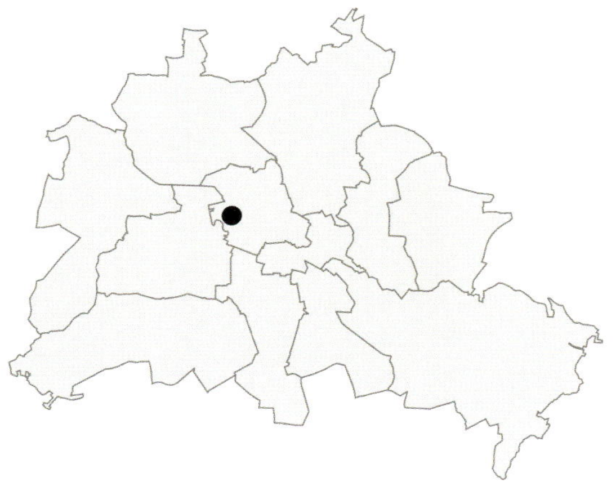

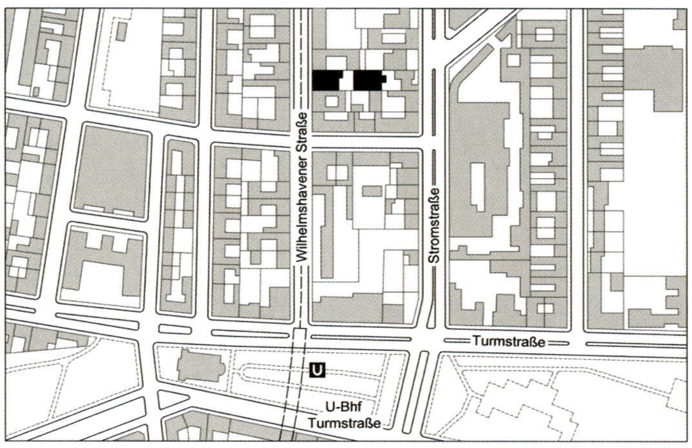

Lageplan Plan of site 1:7500

Ansicht von Westen View from the West

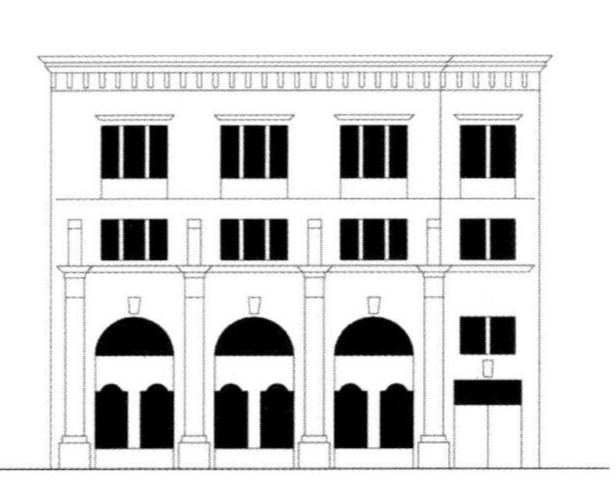
Fassade Vorderhaus
Facade of front building 1:333

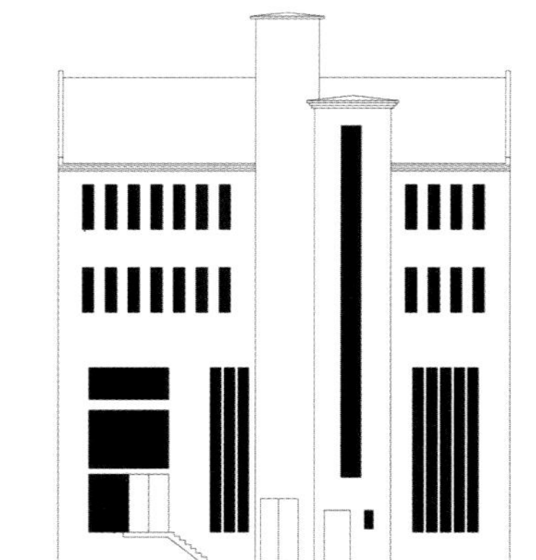
Fassade Hofgebäude
Facade of courtyard building 1:333

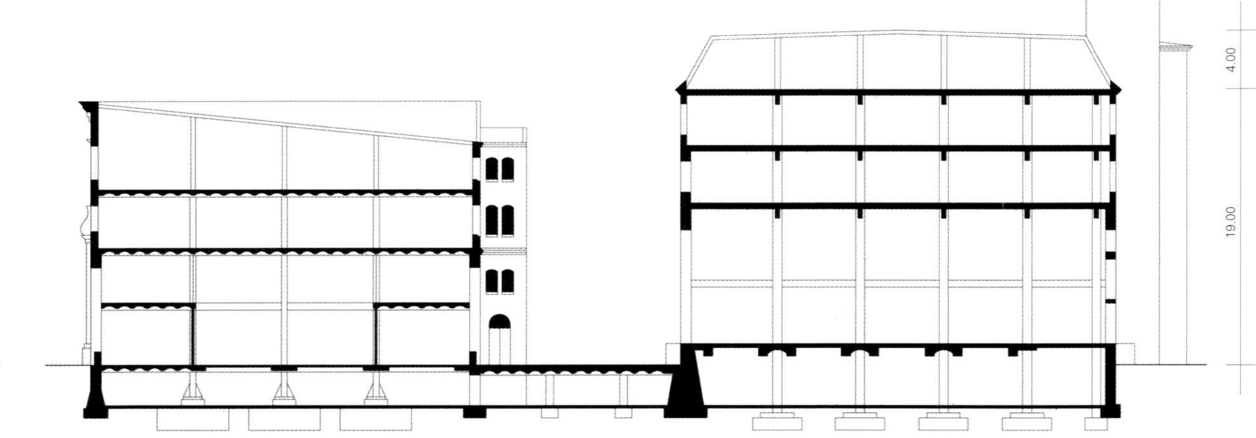

Schnitt Section 1:333

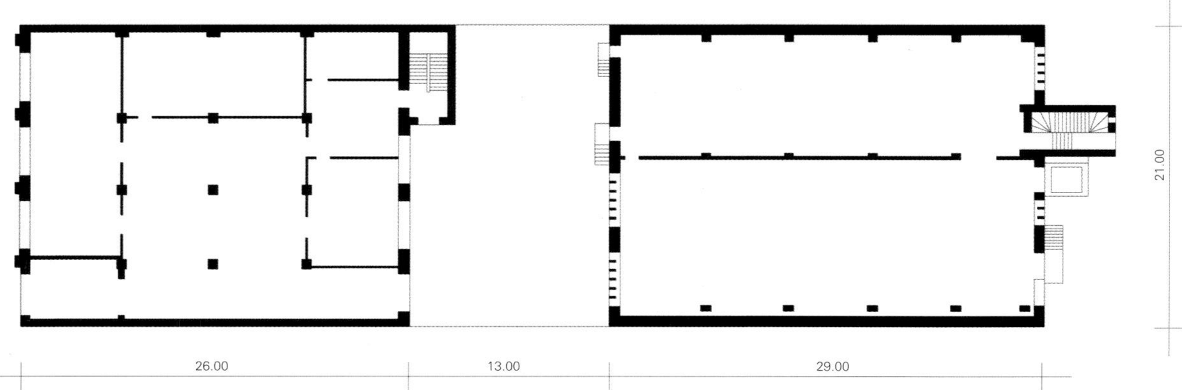

Grundriss, Ebene 1 Ground plan, level 1 1:333

geprägt. Die Geschoss- und Raumteilung zeichnet sich in der Fassade durch hochformatige, mit Hilfe von Mauerwerkspfeilern getrennte schlanke Fenster ab. Die Fensterhöhen entwickeln sich jeweils über die gesamte Geschosshöhe, sodass die erdgeschossige Halle in der Fas-sadenabwicklung deutlich hervortritt. Ein Lastenaufzug ist in späteren Jahren angebaut worden. Die technischen Anlagen in diesem Gebäude wurden bereits in den 1950er Jahren außer Betrieb genommen und entfernt. Danach diente das Gebäude vorwiegend als Lager.
Das Grundstück mit den beiden Gebäuden ist für eine Gewerbenutzung prädestiniert. Das an der Wilhelmshavener Straße gelegene Gebäude eignet sich als Geschäftshaus mit Büros und Sozialräumen, für Dienstleistungs- und kleinere Handelseinrichtungen sowie Werkstätten. Die repräsentative Erdgeschosshalle könnte hochwertiger Gastronomie einen Rahmen bieten. Das Gebäude im Blockinnenbereich eignet sich für produzierendes Gewerbe, als Lager oder auch als Bürogebäude, die hohe Erdgeschosshalle für Veranstaltungen oder Ausstellungen.

K.A.

of each storey, meaning that the ground-floor hall is clearly discernible in the execution of the facade. A freight elevator was removed in later years. The technical installations in this building were already decommissioned and removed in the 1950s. Afterwards, the building was used mainly for storage.
The plot with the two buildings is predestined for commercial usage. The building on Wilhelmshavener Straße would be suitable as a commercial building with offices and social facilities, for service providers and small-scale trading companies, workshops or studios. The representative hall on the ground floor could provide an ambience for high-quality gastronomy. The building within the block is suitable for a production industry, storage areas or also for use as offices, the high ground-floor hall being

Hofgebäude, Halle im Erdgeschoss
Courtyard building, ground floor hall

Ansicht Hofgebäude View of courtyard building

Hofgebäude, Dachgeschoss Courtyard building, attic floor

Vorderhaus, Halle Front building, hall

Umspannwerk Lichtenberg
Transformer Station Lichtenberg
Wiesenweg 5–9

Standort Location Wiesenweg 5–9,10365 Berlin-Lichtenberg
Grundstücksgröße Plot size 3.256 m²
Flächennutzungsplan Land-use plan gewerbliche Baufläche G Commercial building land G
Bruttogrundfläche Gross floor space 2.635 m² / ohne Kellerangabe without basement
Denkmalschutz Listed ja, nur Kopfbau yes, but only the head

Das Grundstück befindet sich in einem traditionell gewerblich genutzten Gebiet nahe dem S-Bahnhof Ostkreuz in einem von Fernbahngleisen und Ringbahn gebildeten dreieckigen Stadtraum. Die Verkehrsanbindung erfolgt über die Gürtelstraße zur Frankfurter Allee oder Richtung Ostkreuz.
Der Gebäudekomplex wurde 1904 als gemeindeeigenes Kraftwerk für Lichtenberg errichtet und ist heute in die Berliner Denkmalliste eingetragen. Die 1923 gegründete Bewag übernahm als städtisches Versorgungsunternehmen die Aufgaben aller Elektrizitätswerke, die sich im Eigentum der bis dahin selbstständigen Nachbargemeinden Berlins befanden. Dazu zählte auch das Gemeindekraftwerk Lichtenberg, das auf diese Weise nach nur 20 Betriebsjahren stillgelegt wurde. Seitdem wechselten die Nutzungen des ehemaligen Gemeindekraftwerks mehrmals. Mitte der 1950er Jahre wurde ein neues Umspannwerk als Anbau am mittlerweile als Stützpunkt genutzten Gebäudetorso errichtet. Seit der Stilllegung Ende der 1980er Jahre diente der Standort vornehmlich als Büro-, Werkstatt- und Lagerkomplex.
Heute zeigt sich die Anlage gegenüber ihrem Erbauungszustand stark verändert: Ein Vergleich mit der historischen Ansicht lässt noch das dreigeschossige Verwaltungsgebäude erkennen. Auf das daran anschließende ehemalige Maschinen- und Kesselhaus verweisen in der Fassade nur noch die erhaltenen Fensteröffnungen der Untergeschosse. Das hohe Hallendach mit den imposanten Giebeln ist verschwunden und durch ein flach geneigtes Dach ersetzt.
In den vergangenen Jahren haben sich am Standort eine Vielzahl von Musikern Proberäume eingerichtet. Durch Vermietung weiterer Flächen und eine Kooperation der Mieter könnte es hier gelingen, ähnlich dem Umnutzungskonzept des Umspannwerks Rheingaustraße, ein verbindendes Nutzungskonzept zu entwickeln, das den Kauf der Liegenschaft und einen entsprechenden Ausbau erlaubt.

M.W.

The plot is situated in a traditionally industrial district close to the city-railway station Ostkreuz; it is within a triangular urban area enclosed by long-distance railway tracks and city-railway lines. Traffic access is via the ring road to Frankfurter Allee or in the direction of Ostkreuz.
The building complex was built as a power station for the district of Lichtenberg in 1904, and today it is one of Berlin's listed architectural monuments. Bewag was founded in 1923 as the municipal energy supply company, which took over the work of all the power stations that had once belonged to the previously independent, neighbouring districts of Berlin. These also included the district power station of Lichtenberg, which was subsequently decommissioned after only twenty years in operation. Use of the former district power station has altered many times since then. In the mid 1950s, a new transformer station was built as an extension to the main body of the building, which was being used as a base station by that time. Since being fully decommissioned at the end of the 1980s, the location has served primarily as a complex of offices, workshops and storage areas.
Today, the complex is very different from its original state after building: a comparison with the historical elevation still enables us to recognise the three-storey administration building, but the surviving window openings in the lower floors of the facade are now the only pointer to the adjacent machine and boiler houses. The high roof of the hall with its impressive gables has disappeared and been replaced by a low, slightly sloping roof.
In recent years, a number of musicians have established their rehearsal rooms on the site. Leasing further areas and encouraging cooperation among the tenants might help to develop an associative usage concept, comparable to the concept of re-use realised at the transformer station in Rheingaustraße. This would facilitate the sale of the property and a corresponding development.

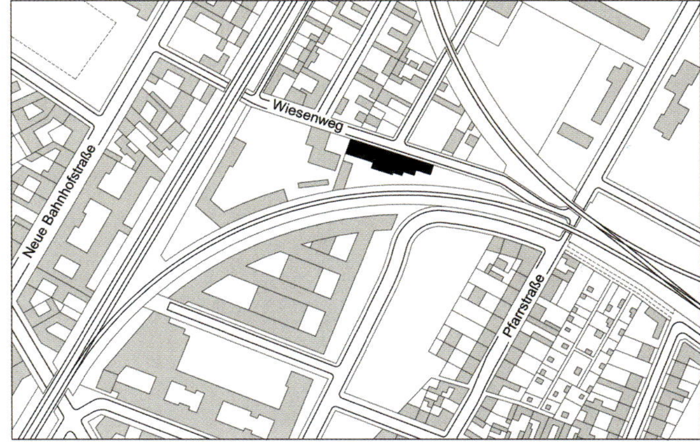

Lageplan Plan of site 1:7500

Ansicht von Osten View from the East

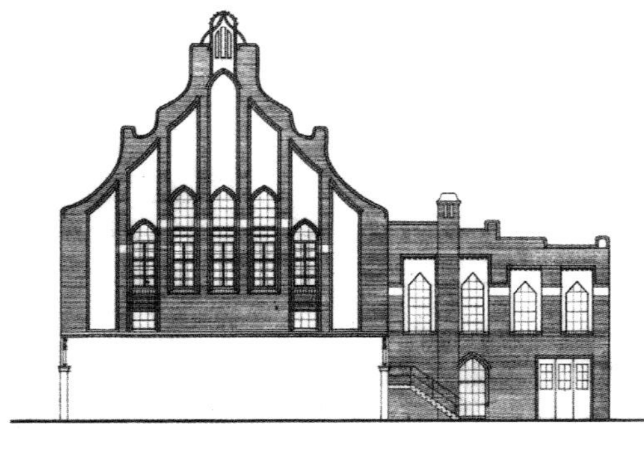

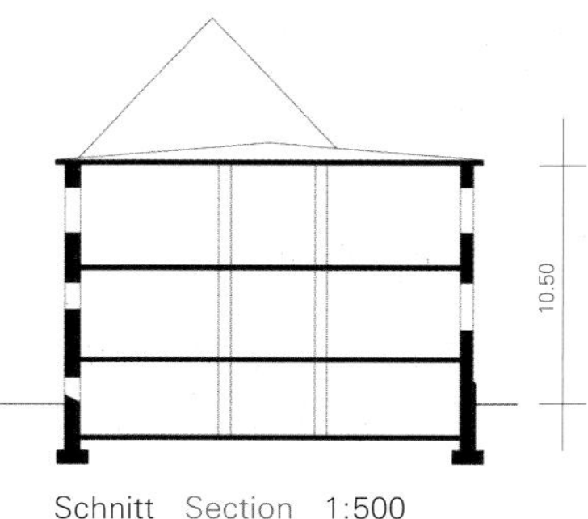

Ursprungszustand Fassade Westen
Original state of West facade 1:500

Schnitt Section 1:500

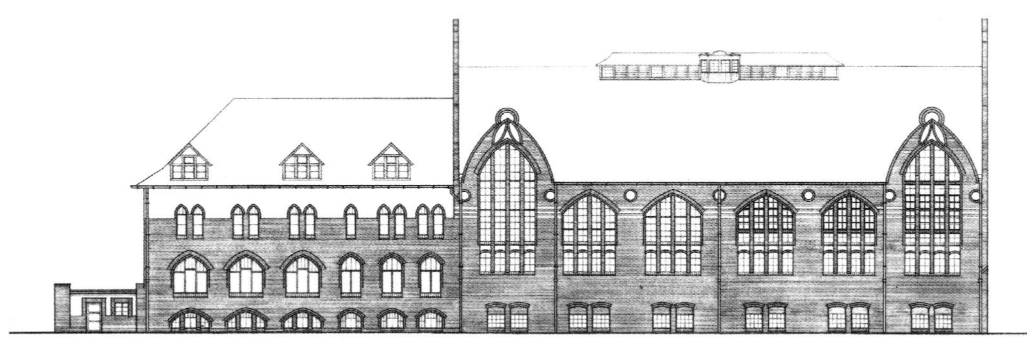

Ursprungszustand Fassade Norden Original state of North facade 1:500

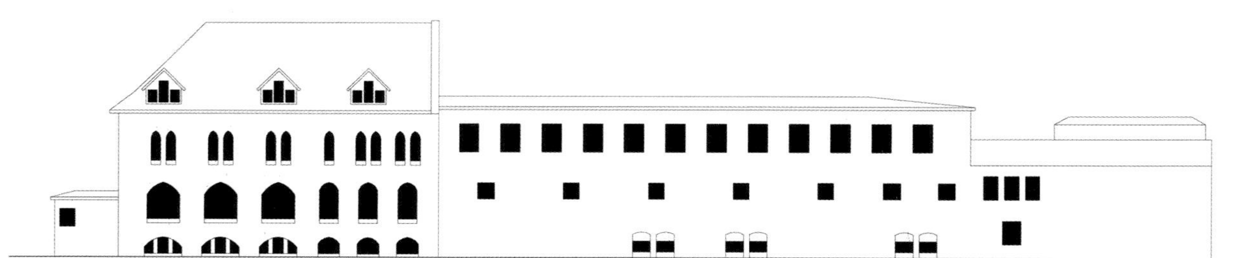

Fassade Norden North facade 1:500

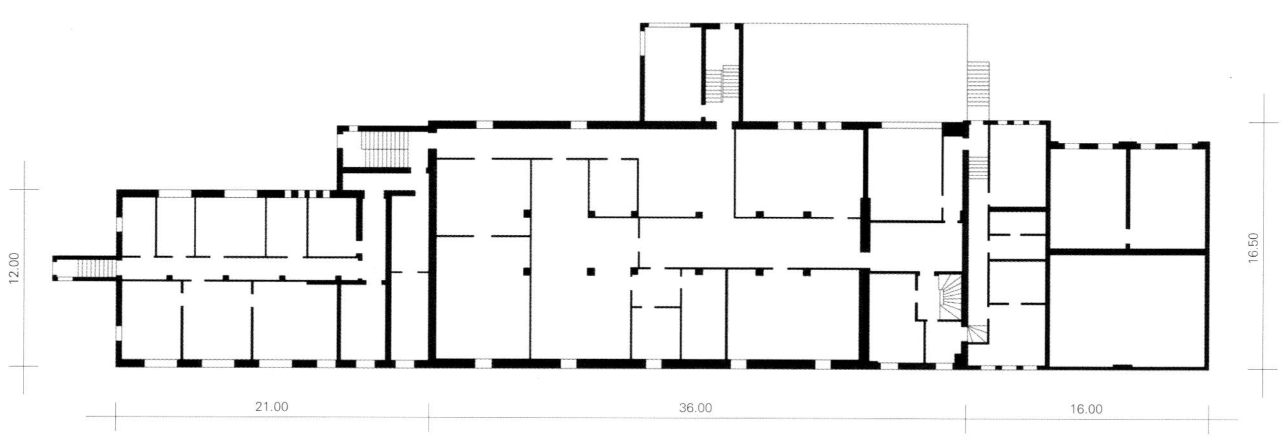

Grundriss, Ebene 1 Ground plan, level 1 1:500

Ansicht von Südosten View from the Southeast

Ansicht von Südwesten View from the Southwest

Umspannwerk Rudolfplatz – Friedrichshain
Transformer Station Rudolfplatz – Friedrichshain
Am Rudolfplatz 3–4

Standort Location Am Rudolfplatz 3–4, 10245 Berlin-Friedrichshain
Grundstücksgröße Plot size 3.094 m²
Flächennutzungsplan Land-use plan Wohnbaufläche W1 / GFZ über 1,5
Housing area W1 / Plot ratio over 1,5
Bruttogrundfläche Gross floor space 4.220 m² / ohne Kellerangabe without basement
Größe einer Ebene Size of one level 785 m² Vorderhaus Front building
Denkmalschutz Listed ja yes

Das Grundstück liegt am Rand der Oberbaumcity unmittelbar am ruhigen Rudolfplatz und unweit vom neuen Medienstandort am Osthafen Berlins. Die hoch frequentierten Straßen Stralauer Allee im Süden und Warschauer Straße im Westen binden das Grundstück sehr gut an den Personennahverkehr an. Über die Modersohnbrücke ist der Friedrichshainer Kiez „Boxhagener Platz" mit Gaststätten und Geschäften unmittelbar fußläufig erreichbar.

Zur Versorgung der Vorortgemeinde Boxhagen-Rummelsburg wurde das ehemalige Umspannwerk 1908 nach Plänen des AEG-Baubüros unter entwurflicher Bearbeitung der Fassade durch Franz Heinrich Schwechten errichtet. Der rückwärtige Teil des Grundstücks blieb zunächst unbebaut. Erst 1928 wurde als Erweiterung ein zweigeschossiger Klinkerbau mit Unterkellerung für einen Stützpunkt angefügt. Eine zweite Ergänzung fand 1950 mit dem hinteren Anbau des Schaltanlagengebäudes mit vorgelagerten Trafozellen statt. Das Werk wurde bis in die 1960er Jahre sowohl als Umspannwerk als auch als Gleichrichterwerk für den Straßenbahnbetrieb genutzt. Teile des Umspannwerkes blieben bis Mitte der 1990er Jahre als Verwaltungsstandort in Betrieb. Bereits in den 60er Jahren wurden im Erdgeschoss Büroräume, Werkstätten und Lagerräume eingerichtet.

Das Grundstück erstreckt sich mit seiner Schmalseite nach Norden zur Straße Am Rudolfplatz und mit seiner Längsseite in die Tiefe des mit Wohnhäusern bebauten Blockes.

Das Umspannwerk besteht aus dem Kellergeschoss, das auch die rückwärtige Hoffläche umfasst, der hohen ehemaligen Maschinenhalle im Erdgeschoss, zwei Obergeschossen und dem Dachgeschoss.

Bemerkenswert sind im Innenbereich des Vorderhauses die original erhaltenen Geländer in den Treppenhäusern und die Raumausstattung im Erdgeschoss mit weiß glasierten Ziegelwänden, die im Deckenbereich Friese aus blau gefassten Ziegeln aufweisen. In den Fassaden des Umspannwerks übernahm Franz Heinrich Schwechten einige der Gestaltungsmittel, die er im zeitgleich erweiterten Kraftwerk Moabit eingeführt hatte. Besonders auffällig sind in diesem Zusammenhang die schlanken Mauerwerkspfeiler, die die geschossübergreifenden Fensteröffnungen der Obergeschosse teilen.

Seit 1990 wurde das ehemalige Umspannwerk in mehreren Ausbaustufen zu einem modernen Verwaltungsgebäude umgebaut. Im Rahmen dieser Maßnahmen wurde das Dachgeschoss, das bislang nur mit einem Notdach versehen war, umfassend ausgebaut. Das Umspannwerk von 1908 mit der Erweiterung von 1928 wurde 1995 als Gesamtanlage in die Denkmalliste Berlin aufgenommen.

Das Grundstück ist nutzbar als Standort für Gewerbe, als Geschäftshaus mit Büros und Werkstätten. Möglich ist auch eine Nutzung für kulturelle, soziale und sportliche Zwecke oder im Dienstleistungsbereich.

K.A.

The plot is situated on the edge of the Oberbaumcity, directly on the quiet square Rudolfplatz, and not far from the new media location at Berlin's Osthafen. The busy roads Stralauer Allee in the South and Warschauer Straße in the West provide good links to public transport. Across the Modersohnbrücke (bridge) is an area of Friedrichshain, "Boxhagener Platz", with restaurants and shops only walking distance away.

Built in 1908, the former transformer station was intended to supply the suburban community of Boxhagen-Rummelsburg. Building plans originated from the AEG construction offices, with facade design and development by Franz Heinrich Schwechten. Initially, the rear part of the plot was not built on. It was not until 1928 that a two-storey brick building with cellar was erected here, abutting onto the existing stairwell, as an extension to be used as a base station. In 1950, a second extension was built at the rear to house the switching installations, with transformer cells set in front of it. The plant was used as both a transformer station and a rectifier plant for the running of the tram system until into the 1960s. Parts of the transformer station remained in operation until the mid 1990s. Offices, workshops and storage space were installed on the ground floor as early as the 60s.

The narrow side of the plot extends as far as the street Am Rudolfplatz in the North; the longer side extends into the depth of the block, which comprises apartment houses. The transformer station consists of a cellar, which also continues below the courtyard area at the back, the high ground floor (former machine hall) with an interim level, two upper floors and the attic. Striking surviving features of the front building's interior are the original balustrades of the stairwells and the decor of the ground-floor rooms; these have white-glazed brick walls and friezes of set blue bricks in the ceiling area. Franz Heinrich Schwechten adopted some of the design features for the facades of this transformer station that he had introduced in his extension to Moabit power station, which dates from the same period. In this context, a noticeable feature is the slender masonry piers between the two-storey window openings of the upper floors.

Since 1990, several phases of development have been realised to convert the former transformer station into a modern administrative building. During these measures, the attic floor, which had only had an emergency roof until then, was comprehensively developed. In 1995, the transformer station from 1908 and its extension from 1928 were placed – as an entire complex – on the list of architectural monuments in Berlin.

The plot could be used as a location for industry, or as a commercial building with offices and workshops. It is also suitable for cultural, social and sporting purposes or for use by service providers.

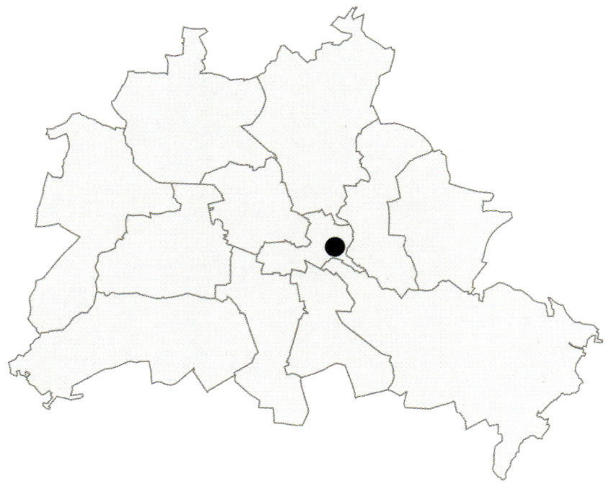

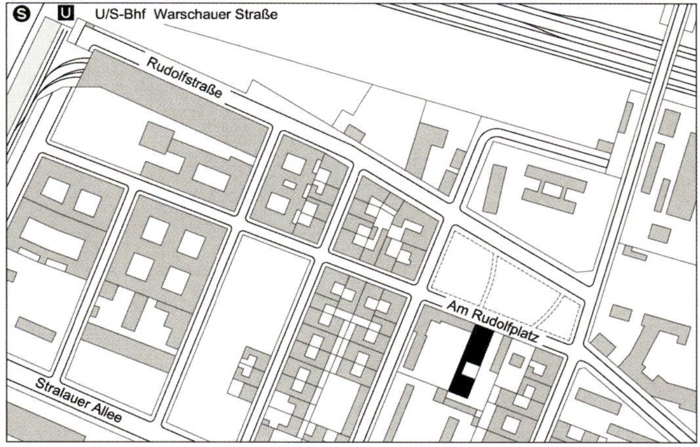

Lageplan Plan of site 1:7500

Ansicht von Nordosten View from the Northeast

Fassade Norden
North facade 1:500

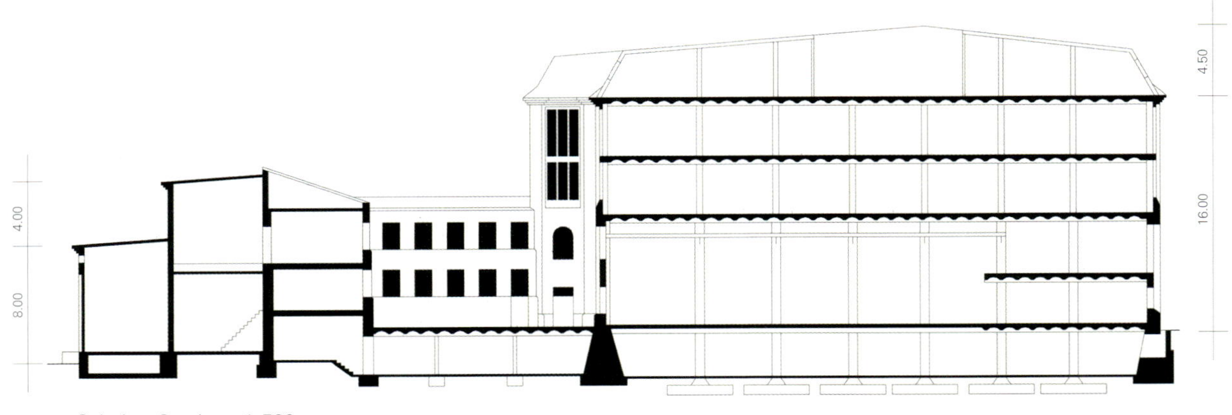

Schnitt Section 1:500

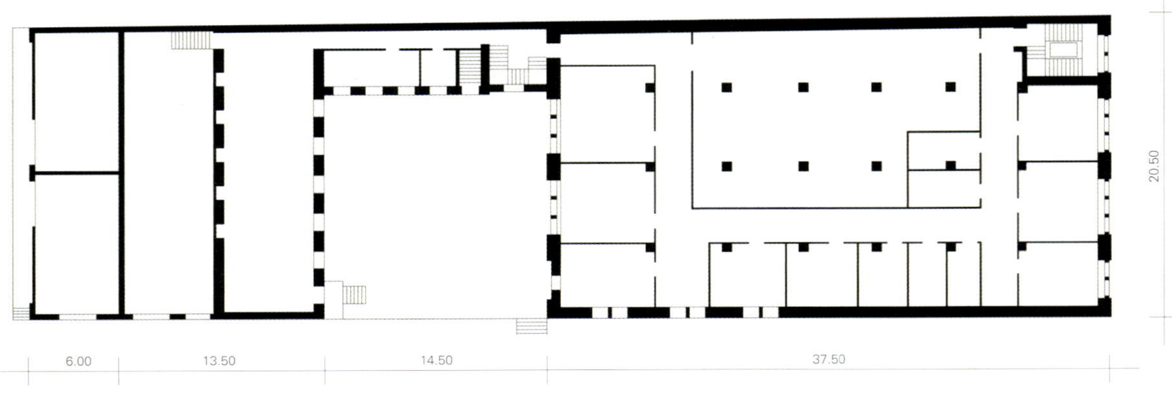

Grundriss, Ebene 3 Ground plan, level 3 1:500

Hofgebäude, Versammlungsraum
Courtyard building, meeting room

Hofgebäude Courtyard building

Ansicht von Südosten View from the Southeast

Umspannwerk Herzbergstraße – Lichtenberg
Transformer Station Herzbergstraße – Lichtenberg
Herzbergstraße 29

Standort Location Herzbergstraße 29, 10365 Berlin-Lichtenberg
Grundstücksgröße Plot size 864 m²
Flächennutzungsplan Land-use plan gewerbliche Baufläche G Commercial building land G
Bruttogrundfläche Gross floor space 1.299 m² / ohne Kellerangabe without basement
Denkmalschutz Listed nein no

Das Grundstück liegt in einem seit über 100 Jahren industriell genutzten Gewerbegebiet zwischen der Josef-Orlopp-Straße und der Siegfriedstraße im Ortsteil Lichtenberg. Mit ca. 285 Hektarn handelt es sich um eines der größten zusammenhängenden Gewerbegebiete Berlins.
Die Liegenschaft ist bebaut mit dem ehemaligen Umspannwerk Herzbergstraße. Der parallel zur Straße errichtete traufständige Bau wurde im rückwärtigen Bereich durch den Anbau einer freistehenden Trafostation ergänzt.
Das Umspannwerk wurde um 1910 errichtet und Anfang der 1980er Jahre außer Betrieb genommen. Nach Stilllegung der technischen Anlagen begann der Umbau in ein Büro- und Verwaltungsgebäude mit dem Ziel, eine Ausbildungsstätte zur Erwachsenenqualifizierung einzurichten. Die im Dachgeschoss des Gebäudes vorhandenen zwei Wohnungen wurden nicht weiter genutzt. Nach Fusion der Bewag mit ihrem Ostberliner Schwesterunternehmen EBAG bestand kein Bedarf mehr für diese Weiterbildungsstätte und der weitere Ausbau wurde eingestellt. Seitdem stehen die Gebäude leer.
Das Hauptgebäude ist unterkellert und besteht aus Erdgeschoss, zwei Obergeschossen und dem Dachgeschoss. Die Erschließung des hinteren Grundstücksteils ist über die im Erdgeschoss vorhandene Durchfahrt möglich. Es handelt sich bei dem Hauptgebäude um einen Mauerwerksbau mit Satteldach, das zur Straße hin als Mansarddach ausgebildet ist. Die vordere Fassade sowie die Giebel sind verputzt, zum Hof ist die Fassade als strukturierte Klinkerwand ausgeführt. Durch die bereits erfolgten Umbauten ist die ursprüngliche Nutzung als Umspannwerk nicht mehr zu erkennen, die Straßenfassade erweckt den Anschein eines Büro- bzw. Wohnhauses, allerdings ist zu vermuten, dass die Straßenfassade ebenfalls ursprünglich als Klinker-Schaufassade ausgebildet war.
Eine Nutzung als Bürostandort mit Werkstatt und/oder Verkaufsräumen im Erdgeschoss ist vorstellbar. Angepasst an die Umgebung, eignet sich das Grundstück auch für produzierendes oder dienstleistungsorientiertes Gewerbe mit den erforderlichen Verwaltungs- und Sozialräumen, zum Beispiel einen Handwerksbetrieb.
Durch die verstärkten Initiativen des Regionalmanagements Lichtenberg können Investoren mit Unterstützung seitens der Behörden rechnen.

K.A.

The plot is situated between Josef-Orlopp-Straße and Siegfriedstraße, in an area of the Lichtenberg district that has been used industrially for the past 100 years. Measuring around 285 hectares, this is one of the largest self-contained industrial areas in Berlin.
The former transformer station Herzbergstraße is built on the plot. An eaves-fronted building, it was built parallel to the road, and extended at the back through the construction of a freestanding transformer plant.
The transformer station was built around 1910 and decommissioned in the early 1980s. After the technical installations had been put out of operation, conversion work was initiated to create an office and administration building as an institute of adult qualification. The two apartments on the attic floor of the building were no longer used. After the Bewag fused with its East Berlin sister company EBAG, this further education centre became obsolete and development was brought to a halt. Since then, the buildings have been empty.
There is a cellar below the main building, which consists of ground floor, two upper floors and the attic. Access to the rear section of the plot is via an existing gateway in the ground floor. The main building is a masonry structure with a saddle roof, adapted to a mansard roof where it faces the street. The street facade and the gables are rendered; the facade facing the courtyard is a highly structured brick wall. Due to conversion work that has already taken place, it is no longer possible to recognise the building's original function as a transformer station, and the street facade conveys the impression of an office or residential building. However, it is to be assumed that the street front was also designed as a representative brick facade at first.
The building could be used as a location for offices, with workshops and/or sales rooms on the ground floor. Fitting into the immediate surroundings in the way that it does, the site is also suitable for a production industry or service-oriented business, providing the necessary administrative and social areas, e.g. for a skilled trade workshop.
Increased initiatives from the regional management of Lichtenberg mean that investors can expect to receive support from the authorities.

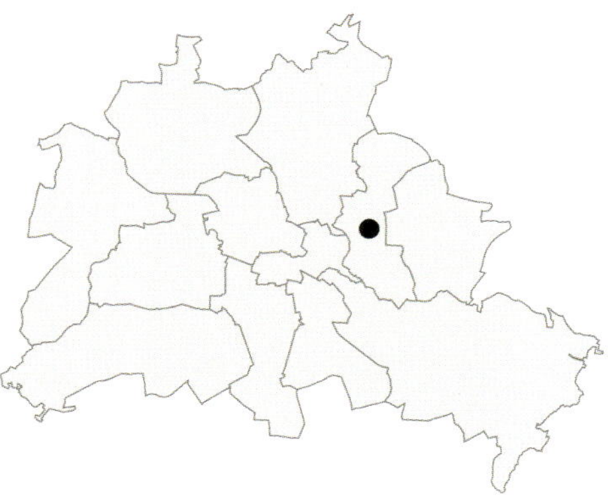

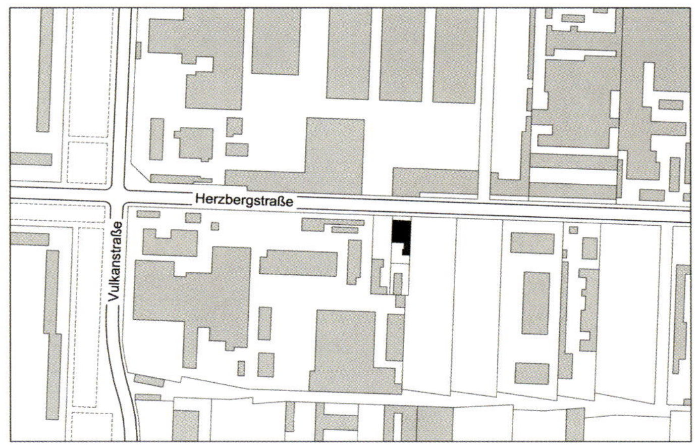

Lageplan Plan of site 1:7500

Ansicht von Süden View from the South

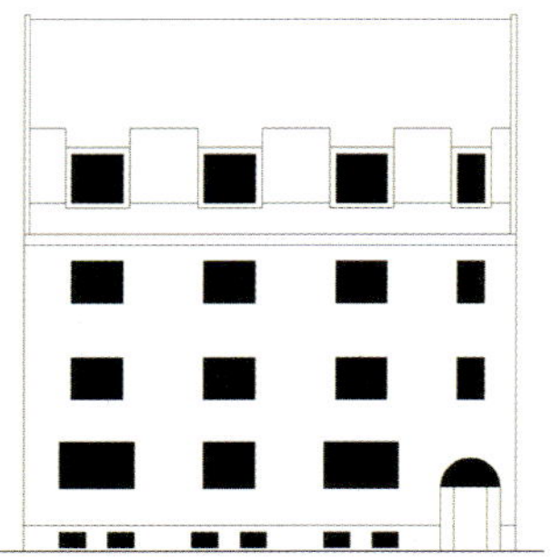

Fassade Norden
North facade 1:500

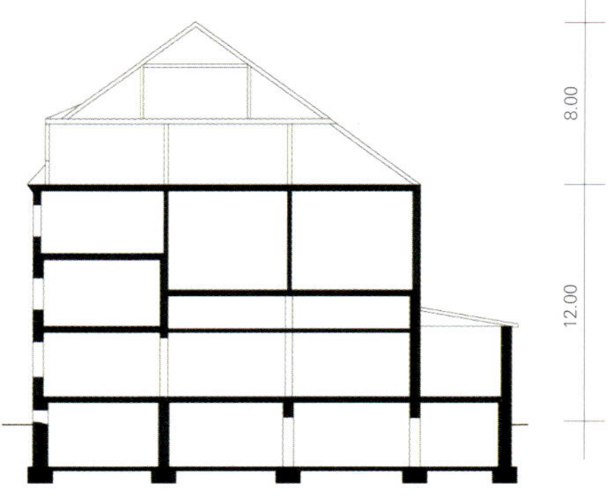

Schnitt
Section 1:500

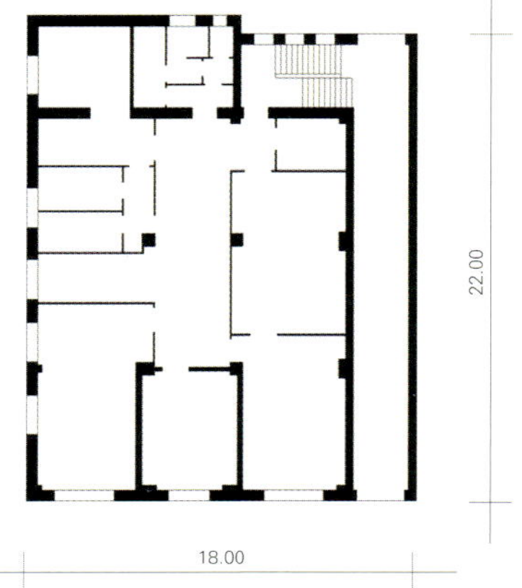

Grundriss, Ebene 1
Ground plan, level 1 1:500

Ansicht von Nordosten
View from the Northeast

Tordurchfahrt
Gateway

Ehemaliger Schaltraum Former switching room

Treppenraum Stairwell

Umspannwerk Mariendorf
Transformer Station Mariendorf

Ringstraße 16–17

Standort Location Ringstraße 16–17, 12105 Berlin-Mariendorf
Grundstücksgröße Plot size 2.219 m²
Flächennutzungsplan Land-use plan Grünfläche Green area
Bruttogrundfläche Gross floor space 802 m² / ohne Kellerangabe without basement
Größe einer Ebene Size of one level 290 m² Schalthaus Switching house
80 m² Wohnhaus Residential building
Denkmalschutz Listed nein no

Das Grundstück des Umspannwerks Mariendorf liegt auf einem schmalen Grünstreifen, der sich am nördlichen Rand des ehemaligen Gaswerkgeländes in unmittelbarer Nähe zum Hafen Mariendorf befindet. Gegenüber der Anlage befindet sich Wohnbebauung der 1930er Jahre.
In kurzer fußläufiger Entfernung liegt der S-Bahn-Anschluss Attilastraße, von dem aus direkt das Berliner Zentrum Potsdamer Platz zu erreichen ist. Darüber hinaus sind die U-Bahnlinie U6 mit den Stationen Alt-Mariendorf und Westphalenweg sowie Busverbindungen fußläufig zu erreichen.
Das Umspannwerk Mariendorf wurde 1923/24 von Paul Karchow für die Berliner Vororts-Elektrizitätswerke (BVEW) errichtet und 1929 im Rahmen eines zukünftigen Gebietsaustausches der Bewag übereignet. Von der Gründungszeit des Standorts zeugen noch der markante Montageturm mit dem nördlich gelegenen Anbau des Wartengebäudes und ein kleines Wohngebäude an der Ringstraße. 1928 wurde die Anlage durch das südlich an den Werkstattturm anschließende Schalthaus ergänzt. Im Jahr 1952 wurde die Gebäudegruppe um eine zweigeschossige 6-kV-Anlage erweitert. Diese befindet sich parallel zur 30-kV-Anlage im hinteren Bereich des Grundstücks und ist von dieser durch die Freiluftschaltanlage getrennt.
Im architektonischen Ausdruck sind die verputzten Werksbauten einfach und zurückhaltend. Mehrfache Umbauten führten zu Veränderungen der ursprünglichen Anlage. Auf die ursprüngliche Gestaltung der Bauten verweist der dominante Werkstattturm, dessen Fassade durch lang gestreckte Fensterschlitze mit diagonaler Sprossenteilung und eingesenkte Putzflächen im Bereich der Öffnungen betont wird.
Für die Gebäudegruppe des Umspannwerks besteht Bestandsschutz. Die Errichtung weiterer Gebäudeteile zur Ergänzung der bestehenden Anlagen, aber auch die Umnutzung derselben für Wohn-, Gewerbe- und Büronutzung sind in Abstimmung mit den Genehmigungsbehörden möglich. Im Besonderen bieten sich die Aufteilung der Flächen und die großzügige Erschließung durch eine weite Hofsituation für kleinteiliges Gewerbe an.

M.W.

The plot of the transformer station Mariendorf lies on a narrow green strip along the northern edge of the former gasworks site, in close proximity to Mariendorf's port area. Opposite the complex there is housing built during the 1930s.
A short distance away on foot is the city-railway station Attilastraße, from which there is a direct connection to the centre of Berlin at Potsdamer Platz. In addition, the underground line U6 – with the stations Alt-Mariendorf and Westphalenweg – and various bus routes are all within walking distance.
The transformer station Mariendorf was built for the Berliner Vororts-Elektrizitätswerke (BVEW) by Paul Karchow in 1923/24 and made over to Bewag in the context of an exchange of districts in 1929. The striking assembly tower with a service-building annexe to the North and a small residential building on Ringstraße are surviving evidence of the location's founding era. The switching house, abutting onto the assembly tower to the South, was added to the complex in 1928. In 1952, the group of buildings was extended when a two-storey 6 kV plant was also constructed. This is situated parallel to the 30 kV plant, on the rear part of the plot, and is separated from the latter by the outdoor switchgear.
Architecturally, the rendered buildings express a modest simplicity. Numerous conversion measures have led to changes in the original complex. However, one pointer to the original design of the buildings is the dominant assembly tower, the facade of which is accentuated by long window slits with diagonal astragals and indented areas of rendering around the openings.
The ensemble has been placed under a preservation order. In agreement with the relevant authorities, it would be possible to construct additional buildings to supplement the existing complex, as well as to convert this for use as housing, commercial property and offices. In particular, the division of the spaces available and the ample access through the wide courtyard suggest small-scale skilled trade or industry.

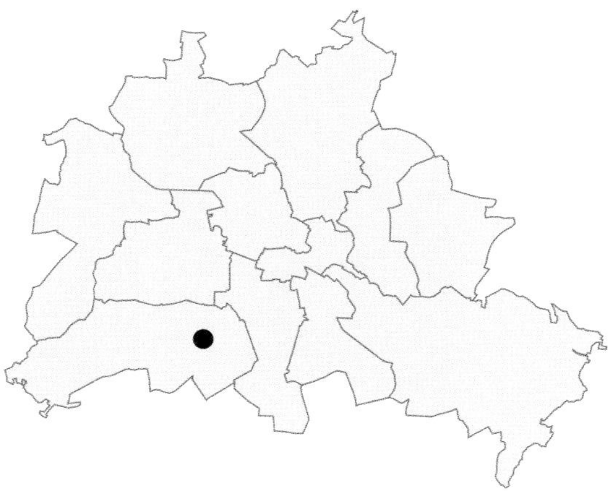

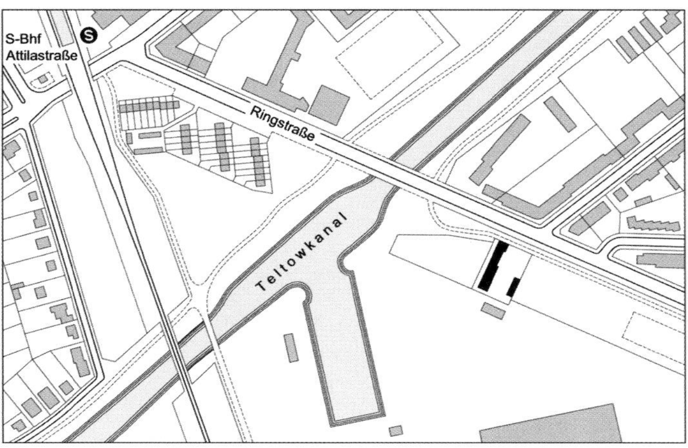

Lageplan Plan of site 1:7500

Ansicht von Nordosten View from the Northeast

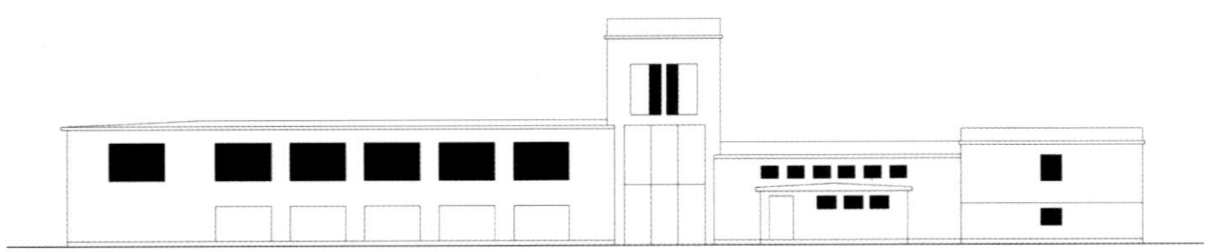

Fassade Osten East facade 1:500

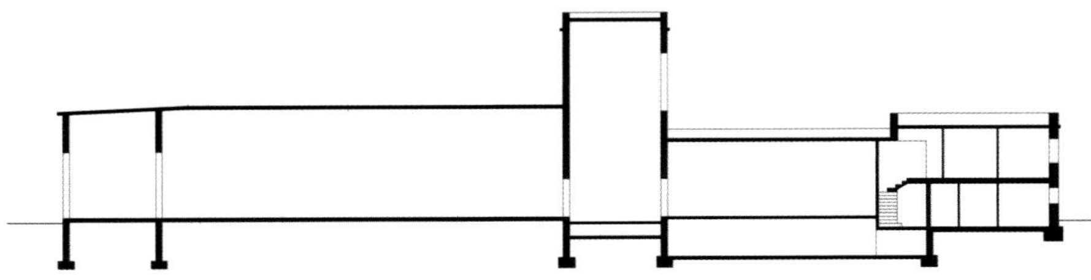

Längsschnitt Longitudinal section 1:500

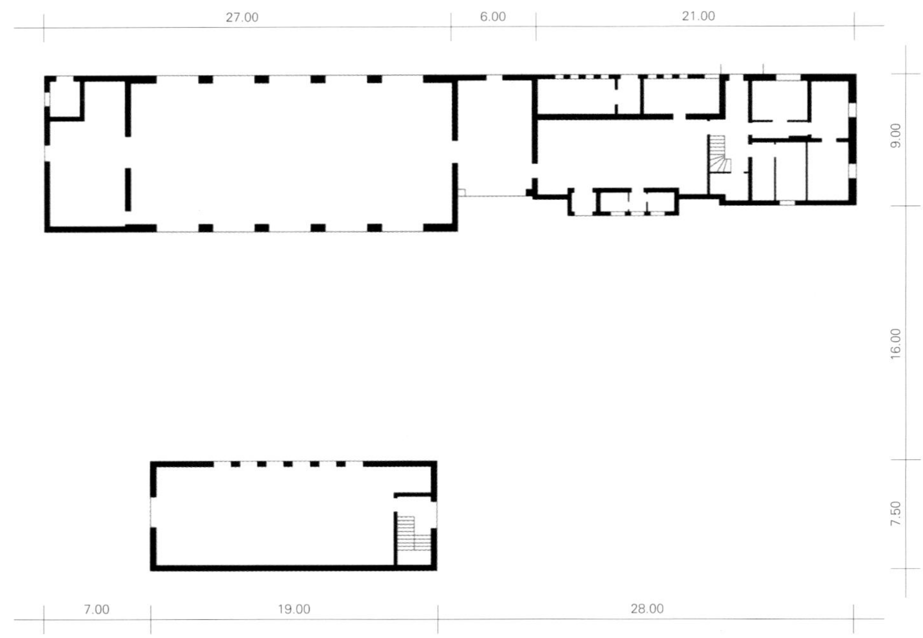

Grundriss, Ebene 1 Ground plan, level 1 1:500

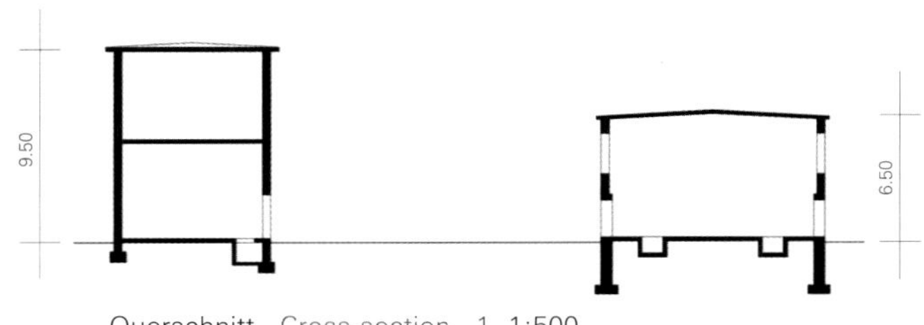

Querschnitt Cross-section 1 1:500

Schaltanlagen Switching installations

Montageturm Assembly tower

Umspannwerk Wittenau
Transformer Station Wittenau

Breitenbachstraße 32

Standort Location Breitenbachstraße 32, 13509 Berlin-Reinickendorf
Grundstücksgröße Plot size 2.204 m²
Bebauungsplan Planning law B-Plan 12–7e / Industriegebiet Industrial building area
Bruttogrundfläche Gross floor space 4.780 m² / ohne Kellergeschoss without basement
Größe einer Ebene Size of one level 840 m² Schalthaus Switching house
Denkmalschutz Listed ja yes

Das Grundstück liegt in dem großflächigen Industrie- und Gewerbegebiet Borsigwalde im Stadtbezirk Reinickendorf zwischen Holzhauser Straße und Eichborndamm. Je eine S- und U-Bahnstation liegen im Umkreis von einem Kilometer, die Autobahn A 111 befindet sich in ca. 800 Metern Entfernung.
Hans Heinrich Müller errichtete in dem heute noch intakten Industriegebiet von 1925 bis 1926 das Abspannwerk Wittenau, das heute in der Denkmalliste Berlin als Einzeldenkmal geführt wird. Die kompakte Anlage besteht aus einem viergeschossigen Schalthaus im hinteren Teil des Grundstücks und einem zwei- bzw. dreigeschossigen Gebäudekörper, der U-förmig, zur Straße geschlossen, einen Erschließungshof bildet.
Im straßenseitigen Gebäudeteil dominiert die große außermittige Durchfahrt in den Hof. Im linken Gebäudeteil sind zwei Wohnungen vorhanden. Die beiden seitlichen Gebäudeflügel, die vom Hofbereich erschlossen werden, dienten als Transformatoren- und Phasenschieberräume.
Die Fassade des mächtigen Schalthauses ist in einen breiten Mittelteil und zwei schlanke, in den Hof vorspringende Treppenhäuser gegliedert. Der Mittelteil besticht durch Reihen schmaler Fenster, die zwischen geschossübergreifenden Mauerwerkspfeilern eingespannt sind. Die Gliederung stammt aus einer Sanierungsphase Anfang der 1950er Jahre; sie trat an die Stelle geschosshoher Fensterschlitze, die in die flächig angelegte Fassade eingeschnitten waren. Einen Eindruck der ursprünglichen Gestaltung vermittelt die beibehaltene rückwärtige Fassade. Hier wechseln die Bänder der tiefen Fensterschlitze mit Reihen von Lüftungsöffnungen für die ehemaligen Schaltkammern. Als dekorative Elemente treten die Konsolgesimse sowie ein in die Giebelwände flächenbündig eingelegtes Rautenmuster aus gelbem Klinker in Erscheinung. Im Vergleich mit den früheren Werken von Hans Heinrich Müller fällt das Abspannwerk Wittenau durch die kraftvolle Durcharbeitung des monumentalen Baukörpers besonders auf. Das Abspannwerk Wittenau wurde in zwei Schritten, 1968 und 1994, außer Betrieb genommen und die technischen Einrichtungen entfernt. Im Schalthaus fanden zwischenzeitlich verschiedene kleinere Umbauten statt, unter anderem wurden Büros und Sanitärräume eingerichtet. Heute werden einzelne Räume als Lager genutzt.
Das Schalthaus eignet sich aufgrund der Treppenhäuser und der Erschließungsflure an den beiden Schmalseiten sehr gut für verschiedenartige Nutzungen auf den einzelnen Etagen. Darüber hinaus ist ein Lastenaufzug im rechten Treppenhaus vorhanden. Aufgrund der in der Umgebung gewachsenen Industrie- und Gewerbestruktur mit einer Vielzahl von Produktionsbetrieben und gewerbeorientierten Dienstleistern ist dieser Standort prädestiniert für eine Gewerbenutzung oder auch für kleinere Produktionsbetriebe, Werkstätten sowie Dienstleistungen. Das ehemalige Schalthaus kann sowohl für Lagerzwecke genutzt als auch als Geschäfts- oder Bürogebäude ausgebaut werden.

K.A.

The plot is situated between Holzhauser Straße and Eichborndamm, within the large-scale industrial and commercial area Borsigwalde in the urban district of Reinickendorf. City-railway and underground stations are less than one kilometre, the motorway A 111 approx. 800 m away.
Hans Heinrich Müller built the transformer station Wittenau in the still-intact industrial area from 1925 to 1926; it is now listed among Berlin's architectural monuments. The compact plant consists of a four-storey switching house at the back of the site and a two- to three-storey, U-shaped volume – closed to the street – that forms a courtyard for access.
The section of the building facing the street is dominated by a large, eccentric gateway into the court. Its left-hand part accommodates two apartments. The two side wings, accessed from the courtyard, provided space for transformers and phase-shifters. The facade of the impressive switching house is divided into a wide central section and two narrow stairwells projecting into the courtyard. The central part has striking rows of narrow windows set between masonry piers that span all storeys. This division dates from a comprehensive restoration phase at the beginning of the 1950s; it took the place of window slits the height of each storey, which were cut into the two-dimensional layout of the facade. The rear facade, which has survived, conveys some impression of the original design. Here, the bands of deep window slits also alternate with rows of ventilation openings for the former interrupters. Decorative elements are console cornices and a flush diamond pattern on the gable walls, made using yellow bricks. By comparison to earlier works by Hans Heinrich Müller, the transformer station in Wittenau stands out as a result of his powerful handling of the building's monumental volume.
The transformer station Wittenau was decommissioned during two phases, in 1968 and 1994, and the technical installations were removed. In the intervening years, various smaller conversion measures have taken place in the switching house, including the creation of offices and sanitary facilities. Today, some rooms are used as storage areas.
The stairwells and the access corridors on the two narrow sides mean that the switching house would be well-suited to differing types of usage on the different floors. In addition, there is a goods lift in the right-hand stairwell. As a result of the developed industrial and commercial culture of the immediate surroundings – including a number of production companies and commercially-oriented service providers – this location is predestined for industrial use or for small-scale production firms, workshops and/or services. The former switching house can be converted for storage purposes or for use as a commercial or office building.

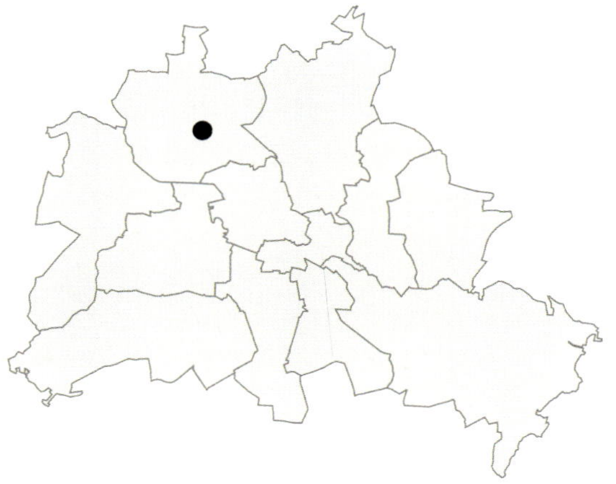

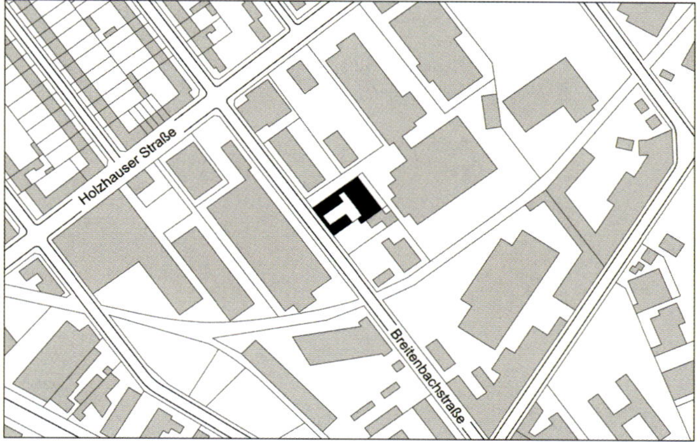

Lageplan Plan of site 1:7500

Blick in den Hof View into the courtyard

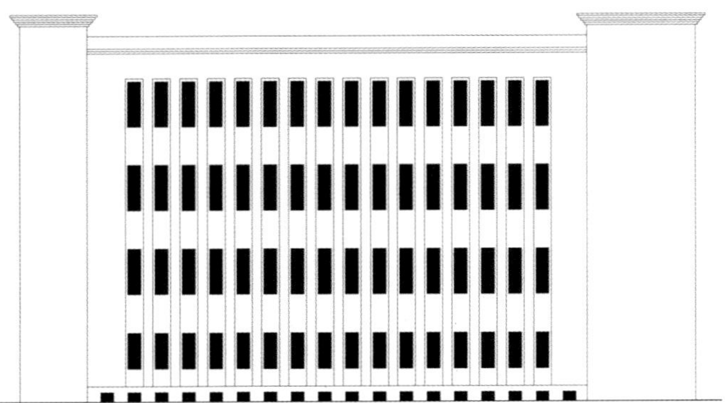

Schalthaus, Fassade Westen
Switching house, West facade 1:500

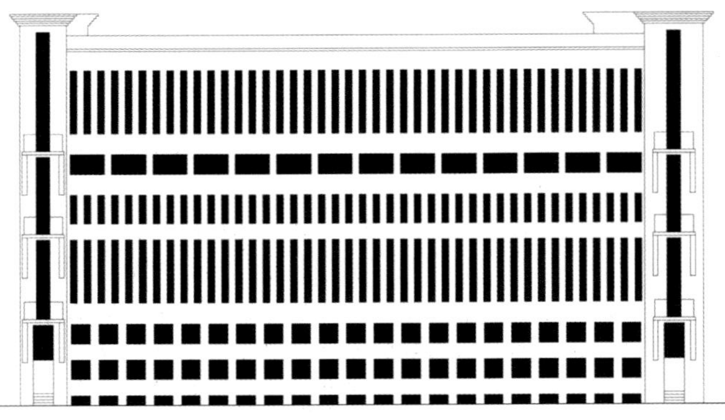

Schalthaus, Fassade Osten
Switching house, East facade 1:500

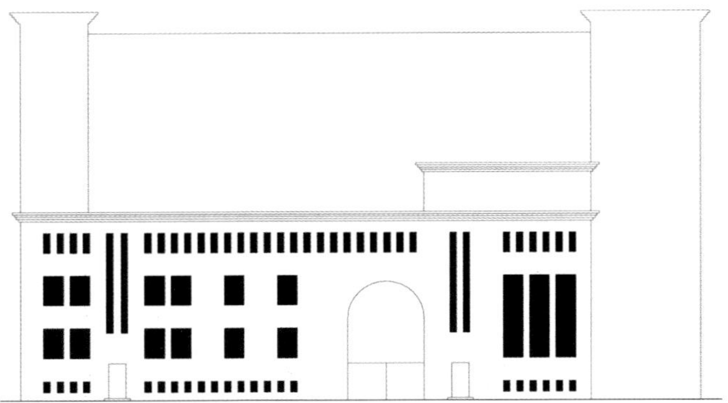

Fassade Osten East facade 1:500

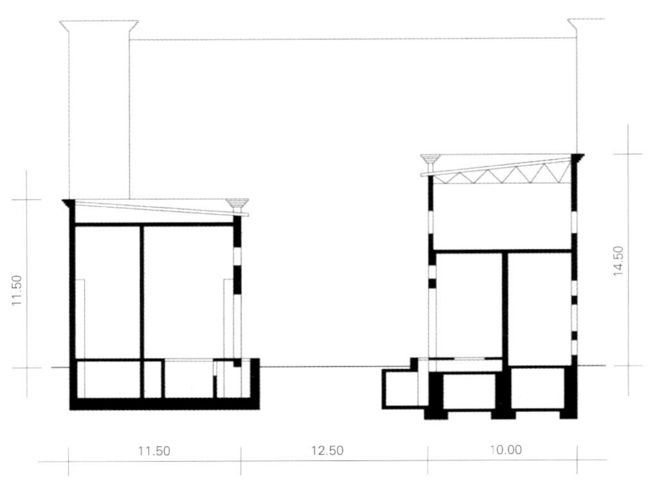

Querschnitt durch den Hof
Cross-section of the courtyard 1:500

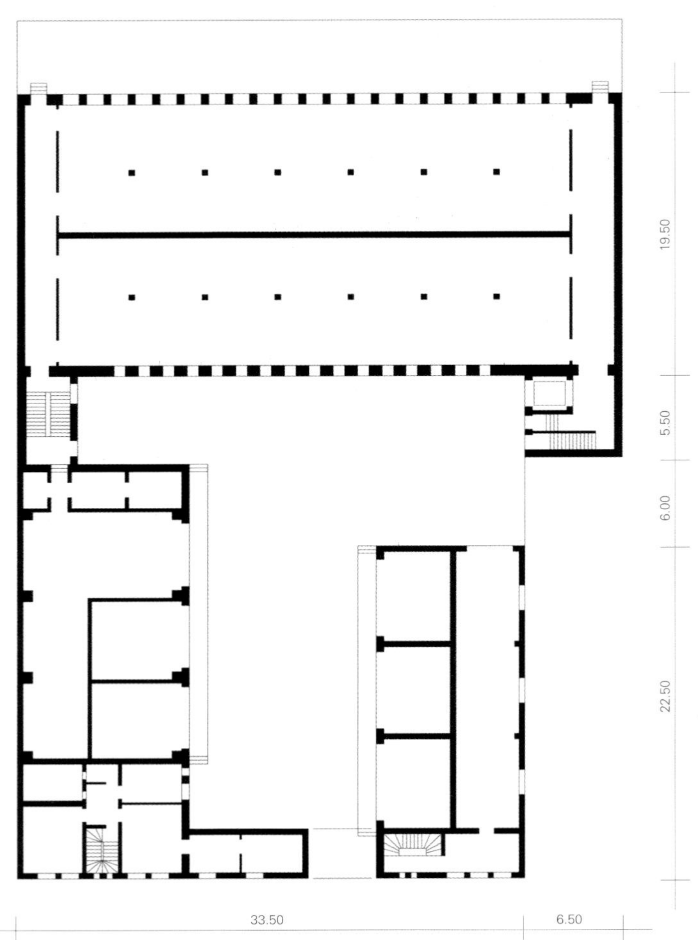

Grundriss, Ebene 1 Ground plan, level 1 1:500

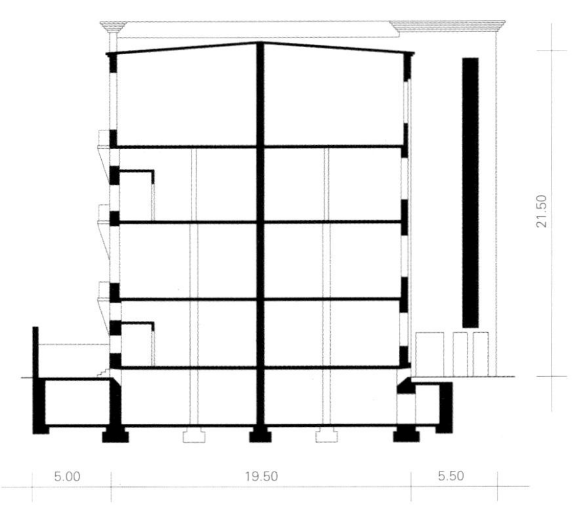

Querschnitt durch das Schalthaus
Cross-section of the switching house 1:500

Treppenraum im Schalthaus
Stairwell in the switching house

Schalthaus, Ansicht von Osten, 1926
Switching house, View from the East, 1926

Schaltraum, Ebene 2 Switching room, level 2 1:500

Schalthaus Kraftwerk Charlottenburg
Switching House Power Station Charlottenburg
Am Spreebord 5

Standort Location Am Spreebord 5, 10589 Berlin-Charlottenburg
Grundstücksgröße Plot size ca. 1.800 m^2
Flächennutzungsplan Land-use plan gemischte Baufläche M2 Combined building area M2
Bruttogrundfläche Gross floor space 4.790 m^2 / ohne Kellerangabe without basement
Größe einer Ebene Size of one level 1.130 m^2
Denkmalschutz Listed ja yes

Das ehemalige 30-kV-Schalthaus des Heizkraftwerks Charlottenburg befindet sich im südlichen Bereich des Grundstücks an der Uferstraße Am Spreebord. Das Gebäude liegt entlang der zur Spree gerichteten Schauseite des Kraftwerks zwischen den Kesselhäusern von 1954/1963 im Osten und dem Rauchgasreinigungsgebäude von 1989 im Westen. Nach Norden grenzt ein Werkstatt- und Lagergebäude an, das gleichzeitig mit dem 30-kV-Schalthaus errichtet wurde.
Das Kraftwerk Charlottenburg ist in die Denkmalliste Berlin als Gesamtanlage eingetragen. Zu den geschützten Gebäuden gehören neben dem Maschinenhaus, den Kesselhäusern und weiteren untergeordneten Bauwerken auch das 6-kV-Schalthaus sowie eine Speicheranlage für Dampf (Ruths-Speicher) im hinteren Teil des Grundstücks.
Das ehemalige Schalthaus wurde 1926 im Rahmen der Erweiterung des Heizkraftwerks Charlottenburg und der Umstellung der Verteilerspannung von 6 kV auf 30 kV nach einem Entwurf des Architekten A. Schönburg aus der Siemens-Bauunion errichtet. Das komplett unterkellerte Gebäude besteht aus einem zur Spree gerichteten sechsgeschossigen Kopfbau zur Aufnahme der Erschließung und einem sich in die Grundstückstiefe entwickelnden drei- bzw. viergeschossigen Längsbau für die Schaltanlagen. Die Grundabmessungen des Gebäudes betragen ca. 23 x 49 Meter. Die Höhe des Kopfbaus liegt bei ca. 22 Metern, der Längsbau ist etwa 14 Meter hoch.
Das 30-kV-Gebäude weist im Inneren sowie außen überwiegend noch den ursprünglichen Bauzustand von 1926 auf. Geringfügige Umbaumaßnahmen erfolgten 1953–1955 an den Erdgeschossfenstern sowie im Dachbereich.
Der Baukörper aus rotem Klinkermauerwerk erhält seine ausdrucksstarke Gliederung durch die kräftigen Pfeiler des Mittelrisalits, auskragende Dachplatten und die Schichtung von übereck geführten Fensterelementen und Kragplatten an den zurückgesetzten Gebäudekanten. Die ursprünglich mit Spitzbögen ausgeführten Fensteröffnungen im Erdgeschoss, Ziegel- und Werksteinornamente in den Brüstungsfeldern, Fensterfaschen aus Betonwerkstein sowie das ordnende Netz der hellen Fugen und weißen Sprossenfenster verdichteten die expressive Wirkung des Gebäudes.
Mit der Einstellung des Kraftwerksbetriebs der älteren Anlagen an diesem Standort im Jahr 2001 und den damit verbundenen Teilstilllegungen wurde auch die 30-kV-Anlage betrieblich nicht mehr benötigt und komplett außer Betrieb genommen. Die technischen Anlagen sind demontiert.
Auf den einzelnen Grundrissebenen ist noch die kleinteilige Zellenstruktur der technischen Anlagen vorhanden. Ohne statische Funktion für den Baukörper können diese nach Bedarf gruppenweise ausgebaut werden, um individuell nutzbare Raumgrößen herzustellen. Ein repräsentativer Raum mit sakralem Charakter ist der ehemalige Sammelschienenraum im dritten

The former 30 kV switching house of the heating power plant Charlottenburg is situated on the southern part of the plot, beside the riverside street Am Spreebord. The building is along the representative front of the power station facing the Spree, between boiler houses dating from 1954/1963 in the East and the flue-gas cleaning plant from 1989 in the West. To the North, it abuts a workshop and storage building built at the same time as the 30 kV switching house.
The entire complex of Charlottenburg power station is listed. The protected buildings, apart from the machine shed, boiler houses and various ancillary buildings, include the 6 kV switching house and a steam-storage plant (Ruths power storage units) at the back of the plot.
The 30 kV switching house was built on the basis of a design by the architect A. Schönburg from Siemens Building Union in 1926, in the course of an extension to the heating plant Charlottenburg and the conversion of distributor voltage from 6 kV to 30 kV. There are cellars under the entire building, which consists of a six-storey head section with entrance and access areas facing the Spree and a three- and four-storey, long section constructed along the full width of the plot to accommodate the switching installations. The dimensions of the building are c. 23 m x 49 m. The height of the head section is c. 22 m, while that of the long section is around 14 m.
In the main, both the interior and exterior of the 30 kV building are still in the state in which they were built in 1926. Minor alterations to the ground floor windows and the roof area were made in 1953–1955.
The red-brick volume of the building is divided expressively by the powerful columns of the central wall projection, overhanging roof decking and the stacking of window elements and cantilever slabs around the corners at the recessed edges. The building's expressive impact was consolidated by the window openings on the ground floor (originally with pointed arches), brick and ashlar elements in the breastwork areas, window casings of cast stone, and the harmonious net of light-coloured pointing and white cross windows.
When the older installations at this location were decommissioned in 2001 and partially closed as a result, the 30 kV plant was no longer required for operation and was closed down completely. The technical plant has been dismantled.
The small-scale cell structure of the technical installations is still apparent on the individual floor levels. These have no static function for the architectural body and groups of them could be developed in order to create individually usable rooms if necessary. The former busbar room on the 3rd floor of the long building is a representative space with sacral character. This room extends over two storeys, with an all-round gallery and a bridge on the 4th floor, as well as a light-diffusing ceiling in its open, central part. The entire area is 580 m^2.

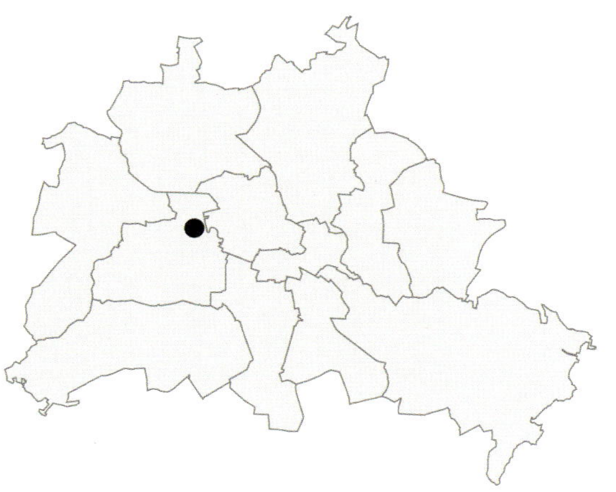

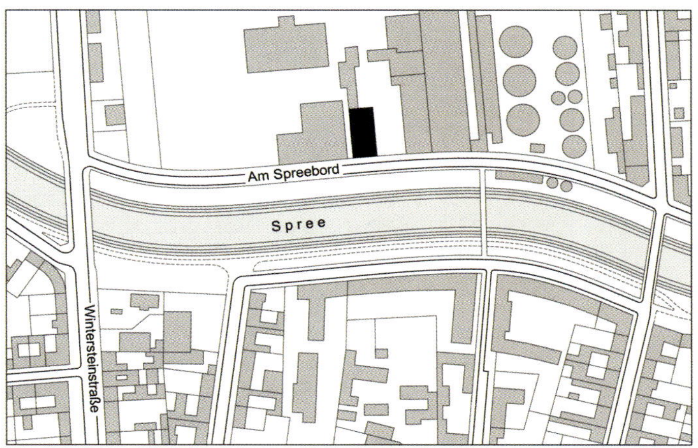

Lageplan   Plan of site   1:7500

Ansicht von Südosten   View from the Southeast

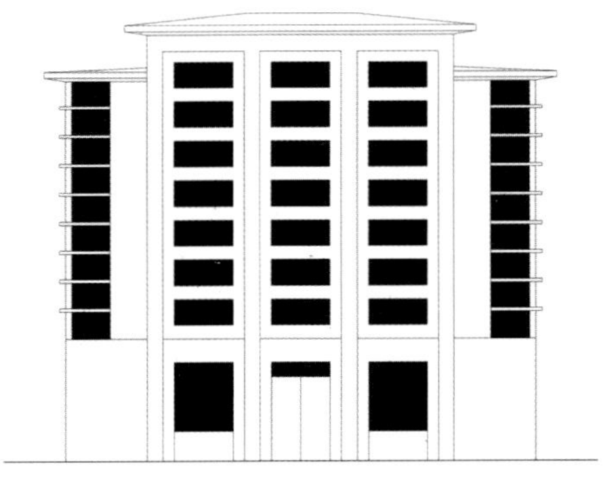

Fassade Süden South facade 1:500

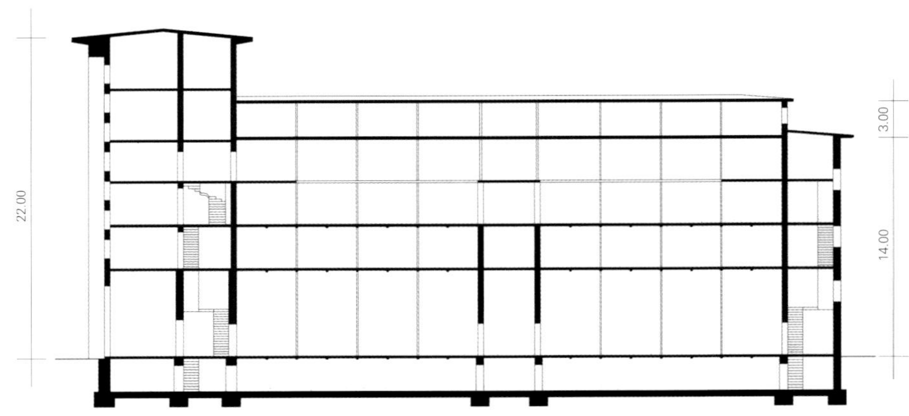

Schnitt Section 1:500

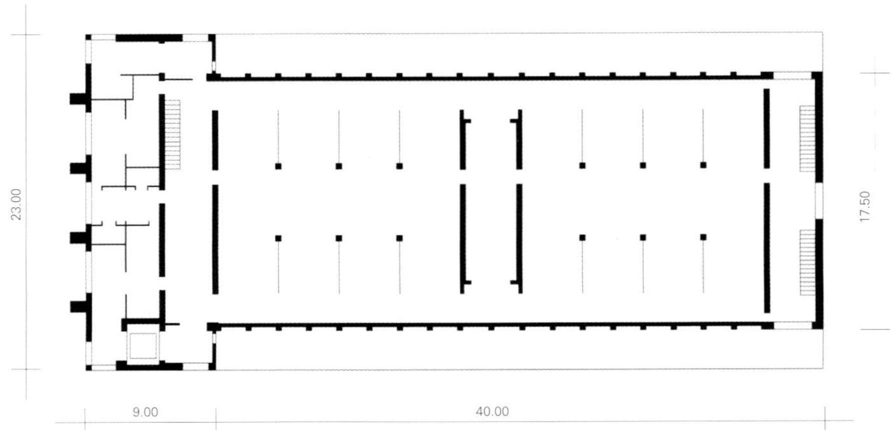

Grundriss, Ebene 2 Ground plan, level 2 1:500

Obergeschoss des Längsbaus. Dieser Raum erstreckt sich über zwei Geschosse mit umlaufender Galerie und Brücke im vierten Obergeschoss sowie einer Lichtdecke im freien Mittelteil. Die Gesamtfläche beträgt 580 m².

Aufgrund der Orientierung der Hauptfassade zur Spree sowie der überschaubaren Größe und interessanter Raumangebote sind vielfältige Nutzungsmöglichkeiten – von Büros über dienstleistungs- oder produktionsorientiertes Gewerbe, Werkstätten, Ateliers, Lager bis hin in den künstlerisch-kulturellen Bereich – vorstellbar. Eine Misch- bzw. Teilnutzung erscheint realistisch umsetzbar. Der Sammelschienenraum des Längsbaus eignet sich für Veranstaltungen mit 200 bis 300 Personen.

Die Stahlskelettkonstruktion des Gebäudes unterstützt die vielfältigen Nutzungsmöglichkeiten. Neue Raumaufteilungen durch eingestellte Glaswände und Leichtkonstruktionen sind in die variable Konstruktion der bestehenden Schaltzellen gut einzubauen. Die vorhandenen Deckendurchbrüche können zur Verbindung der Zwischengeschosse genutzt oder nach Bedarf geschlossen werden.

Durch die beiden Treppenhäuser im Nord- und Südteil des Gebäudes mit Eingängen an beiden Längsseiten ist eine sehr gute Erschließung der Räume innerhalb des Gebäudes garantiert. Da das Schalthaus unmittelbar an der Promenade Am Spreebord liegt, ist eine Erschließung vom öffentlichen Straßenland her attraktiv und problemlos möglich. Direkt neben dem Schalthaus sind jeweils rechts und links Zufahrten vorhanden. Die angrenzenden Kesselhäuser im Osten und das nicht unter Denkmalschutz stehende Rauchgasreinigungsgebäude im Westen sind ebenfalls nicht mehr betrieblich genutzt. Wohnbebauung befindet sich erst in erheblicher Entfernung vom Standort auf der gegenüberliegenden Spreeseite.

A.D.

The main facade's orientation to the Spree and the interesting range and manageable size of available rooms mean that diverse usages are conceivable – from offices to service- or production-oriented companies, workshops, studios, storage or even the creative-cultural field. Mixed or partial usage is also practicable. The busbar room of the long building is suitable for events with 200 to 300 guests.

The steel-skeleton construction of the building backs such diverse possible uses. New divisions of space by means of inset glass walls and lightweight structures could easily be realised within the variable construction of the existing switching cells. The existing floor breakthroughs could be used to connect the interim levels or closed up if necessary.

Excellent access to the rooms inside the buildings is guaranteed via the two stairwells in the North and South sections of the buildings, with entrances on both long sides.

As the switching house is situated directly on the promenade Am Spreebord, access from public streets is attractive and would present no problems. Driveways already exist at the immediate left and right of the control house. The neighbouring boiler houses in the East and the flue-gas cleaning plant in the West, which is not listed, have now been decommissioned as well. There is no residential building until a considerable distance away from the location, on the opposite side of the Spree.

Ansicht von Süden View from the South

Schalthaus, 1926 Switching house, 1926

Schaltzellensaal, Ebene 4 Switching cell hall, level 4

Stützpunkt Neue Grünstraße – Mitte
Base Station Neue Grünstraße – Mitte

Neue Grünstraße 12

Standort **Location** Neue Grünstraße 12, 10179 Berlin-Mitte
Grundstücksgröße **Plot size** 531 m²
Bebauungsplan **Planning law** B-Plan 1–13B / Wohngebiet Housing area
Bruttogrundfläche **Gross floor space** 890 m² / ohne Kellerangabe without basement
Größe einer Ebene **Size of one level** 245 m²
Denkmalschutz **Listed** ja yes

Das Grundstück liegt im Zentrum Berlins nahe der Bundesdruckerei und den Hochhausbauten der Leipziger Straße. Auf dem Grundstück der Neuen Grünstraße 12 wurde 1928 durch die Bewag-Bauabteilung und deren Leiter Hans Heinrich Müller ein Stützpunkt errichtet.
Das stillgelegte Werk bildet zusammen mit dem Vattenfall-Umspannwerk Spittelmarkt und dem Bürogebäude Alte Jakobstraße 90–91 ein denkmalgeschütztes Gebäudeensemble. Die Grundstücke der Gebäudegruppe durchspannen den gesamten Baublock und sind voneinander unabhängig erschlossen.
Der ehemalige Stützpunkt steht in zweiter Reihe als „Hinterhausbebauung" auf dem Grundstück und orientiert sich zur Neuen Grünstraße. Grundstückstiefe und Bebauungsplan ermöglichen durch Errichtung eines zweiten Baukörpers in der Straßenflucht die Blockrandschließung.
Der ehemalige Stützpunkt nimmt die gesamte Grundstücksbreite ein. Die Fassade des denkmalgeschützten Gebäudes wird durch die vier hohen Fensterschlitze des Treppenraums geprägt, die in die flächige Ziegelwand eingeschnitten sind. Der auf diese Weise inszenierte Aufgang wird beidseitig durch kleinformatige Fenster auf den einzelnen Stockwerksebenen begleitet. Als Eingänge dienen klein gehaltene Türen in Fenster- bzw. Segmentbreite der Treppenhausverglasung. Das Gesims der in lebhaften, mit rotgeflammten Klinkern ausgeführten Fassade kragt schichtenweise leicht aus und bildet einen eleganten horizontalen Abschluss.
Die fast quadratischen Grundrissebenen werden über das Treppenhaus und über einen schmalen Lichthof auf der Rückseite belichtet. Die beiden zu den Nachbargrundstücken gerichteten Seitenwände weisen keine Fensterflächen auf. Denkbar ist allerdings das Einbringen einer zusätzlichen Belichtung von östlicher Seite. Dort befindet sich ein ebenfalls in Vattenfall-Eigentum befindliches Grundstück, das für ein Fensterrecht herangezogen werden könnte. Die Stockwerksebenen von gleichmäßiger Höhe sind zurzeit nicht durchgängig von Decken getrennt, sondern weisen, als Reminiszenz an die frühere Nutzung, Galerieebenen auf. Diese Ebenen können geschlossen werden, um mehr Nutzfläche zu erhalten, bilden aber in der jetzigen Form eine besondere räumliche Qualität.
Der Stützpunkt Neue Grünstraße wurde 1998 stillgelegt. Die Eignung für eine zukünftige Nutzung reicht von loftartiger Wohnnutzung über Büroflächen bis zu Einzelhandel. Abhängig von der im Vorderhausbereich zu errichtenden Bebauung kann der vorhandene denkmalgeschützte Baukörper den jeweiligen Anforderungen angepasst werden.

M.W.

The plot is situated in the centre of Berlin, close to the Federal Printing Office and the high-rise buildings of Leipziger Straße. A simple base station was built on the plot of Neue Grünstraße 12 by the Bewag building department and its head, Hans Heinrich Müller, in 1928.
Together with the Vattenfall transformer station Spittelmarkt and the office building Alte Jakobstraße 90–91, the decommissioned base station represents a listed ensemble of buildings. The plots of the ensemble span the entire block and each one is accessed independently.
The former base station is situated in the second row of the plot, as "rear building", and oriented towards Neue Grünstraße. The depth of the plot and the building plan mean that access to the edge of the block is possible if a second architectural volume is constructed on the line of the street.
The base station takes up the full width of the plot. The facade of the listed building is characterised by the four high window slits of the stairwell area, which cut into the otherwise flat brick wall. On both sides of the stairs accentuated in this way, there are small-format windows on the individual floor levels. The entrances are small doors with the same width as the windows or the segments of the stairwell glazing. The cornice – which is realised in lively, red moiré bricks – protrudes slightly in layers, forming an elegant horizontal termination.
The almost square floors are lit via the stairwell and a small inner courtyard at the rear. The two side walls facing onto the neighbouring plots have no windows. However, further lighting from the eastern side could be created: this plot also belongs to Vattenfall, and the company could be approached for window rights. At present, the regular-height floors are not divided by ceilings over the entire storey; open gallery levels recall their former use. These levels may be closed up to provide more utilisable space, but in their present form they represent an unusual spatial feature.
The base station Neue Grünstraße was closed down in 1998. It is suitable for future usage ranging from loft-type housing to offices, or retail. Depending on the building that is erected at the front of the plot, the existing, listed volume of the building could be adapted to ensuing demands.

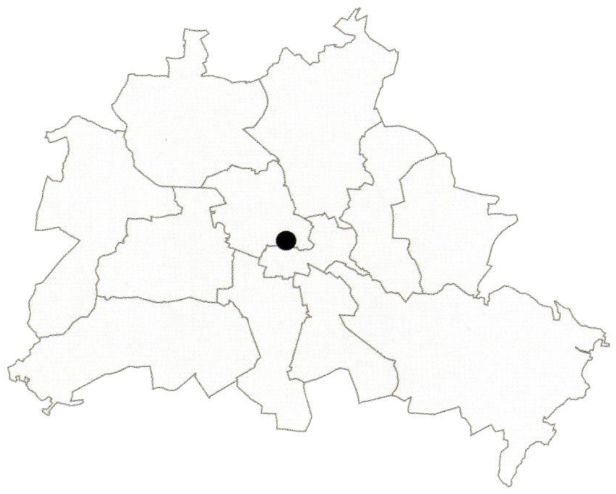

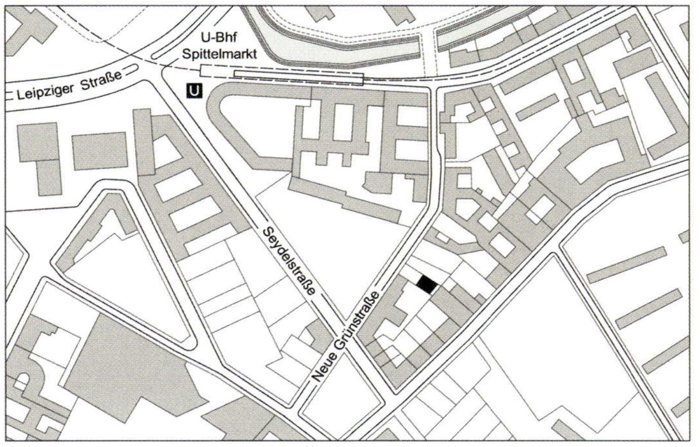

Lageplan Plan of site 1:7500

Schaltanlage, Ebene 2 Switching installations, level 2

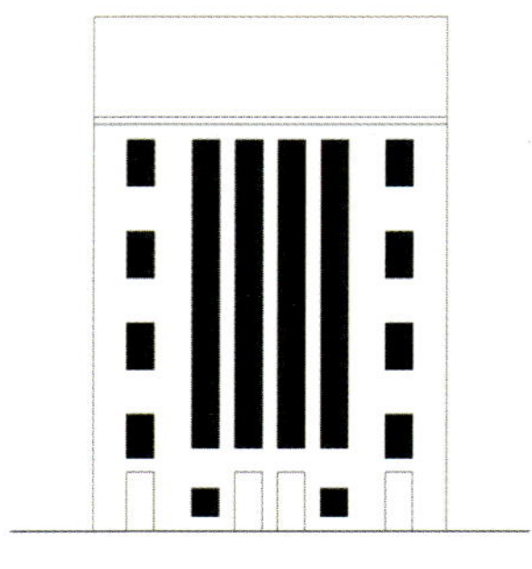

Fassade Nordwesten Northwest facade 1:500

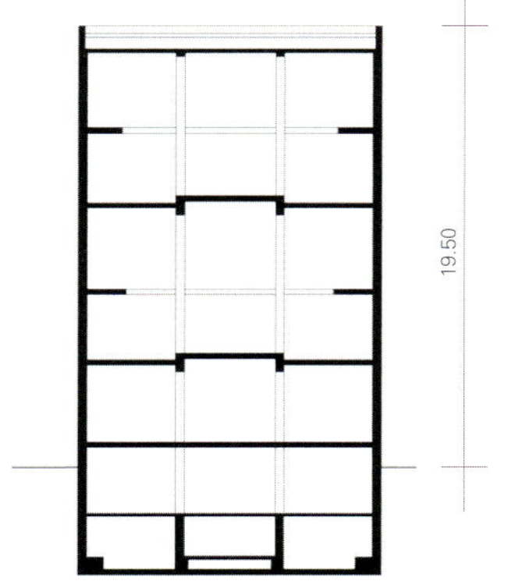

Schnitt Section 1:500

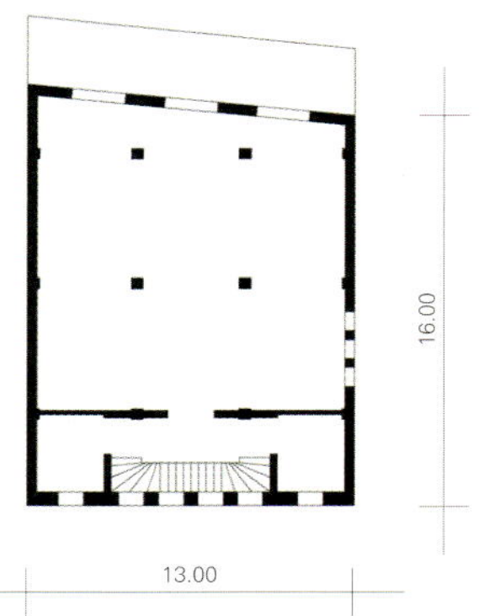

Grundriss, Ebene 1 Ground plan, level 1 1:500

Treppenraum, Ebene 2 Stairwell, level 2

Schaltanlage, Ebene 4 Switching installations, level 4

Verteilerraum, Ebene 1 Power distributor room, level 1

Umspannwerk Köpenick
Transformer Station Köpenick
Lindenstraße 33

Standort Location Lindenstraße 33, 12555 Berlin-Köpenick
Grundstücksgröße Plot size 3.276 m²
Bebauungsplan Planning law B-Plan XVI–13
Bruttogrundfläche Gross floor space 3.520 m² / ohne Kellerangabe without basement
Größe einer Ebene Size of one level 925 m²
Denkmalschutz Listed ja yes

Die ersten Pläne für das Schalthaus in der Lindenstraße gehen auf Planungen von Hans Heinrich Müller aus dem Jahr 1926 zurück. Ursprünglich war für die Längsseiten eine dem Schalthaus des Umspannwerks Wittenau ähnliche Fassadengestaltung vorgesehen. Ausgeführt wurde jedoch eine weit weniger expressive Fassade und auch die Funktion variierte. So wurde der Standort in den Folgejahren auch als Gleichrichter- und zuletzt als Umspannwerk genutzt. Der dem Straßenverlauf angepasste, leicht geschwungene dreigeschossige Bürobau mit Werkswohnungen in den oberen Geschossen berücksichtigt die zur Erbauungszeit geforderte harmonische Einfügung des Gebäudes in den Straßenraum. Die homogene Lochfassade des dunkelroten Ziegelbaus wird horizontal durch vom Regelverband abweichende Klinkerbänder über den gleichmäßig gesetzten Fenstern strukturiert.
In den leicht gekrümmten Grundriss des Bürobaus ist das in die Grundstückstiefe gerichtete orthogonale Schalthaus mittig eingeschoben und durch das hohe Satteldach des Vorderhauses von der Straße kaum wahrnehmbar. Erschlossen wird dieser hintere Grundstücksteil über eine Durchfahrt von der Straßenseite. Während das Bürogebäude so gestaltet wurde, dass die technische Funktion des Gebäudekomplexes nicht erkennbar war, ist im Fassadenaufbau des hofseitigen Schalthauses der technische Zweck durch Geschossteilung und Fensteranordnung sichtbar. Das Umspannwerk aus dunkelroten Klinkern weist drei Hauptebenen auf und wird durch ein quer zur Gebäudelängsachse verlaufendes Treppenhaus erschlossen. Ein weiteres Treppenhaus bildet den Abschluss des Schalthauses und ist diesem in einem Turm auf kreisförmigem Grundriss vorgelagert. Die eng aneinandergesetzten Fensterschlitze zeichnen den Treppenlauf nach. Über dem hinteren Gebäudeteil befindet sich ein ausbaufähiges Satteldach.
Der T-förmige Grundriss ermöglicht eine gute Belichtung der Flächen. In der dem Fluß Spree zugewandten Gebäudehälfte ist eine Wohnnutzung vorstellbar, das Straßengebäude bietet Raum für kreative Gewerbenutzung und individuelle Büroflächen. Das Gebäude ist in die Berliner Denkmalliste als Baudenkmal eingetragen. Das Grundstück befindet sich im Bereich des festgesetzten Bebauungsplans XVI–13 vom November 2004. Darin ist zusätzlich zur vorhandenen Bebauung ein fünfgeschossiger Baukörper in Ufernähe ausgewiesen. Für das direkt am Ufer der Spree gelegene Flurstück, welches nicht zum Grundstück gehört, ist in der städtebaulichen Planung ein Uferwanderweg vorgesehen.
Das Bürogebäude wurde zu Anfang der 1990er Jahre für eine Meisterstellennutzung der damaligen Bewag modernisiert. Schaltanlagen waren bis 1997 in Betrieb und wurden danach weitestgehend demontiert.

K.S.

The first plans for the switching station in Lindenstraße were based on preliminary drafts by Hans Heinrich Müller dating from the year 1926; originally, the long facades were to be given a similar layout to those of the switching house at the transformer station Wittenau. But actually a much less expressive facade was realised, and the function also altered in subsequent years, when the location was used as a rectifier plant and later as a transformer station.The slightly curving, three-storey office building with works apartments on the upper floors was adapted to the course of the street, taking into account the contemporary demand to harmonise industrial buildings with the surrounding urban area. The homogeneous, punctuated facade of the dark-red brick building is structured horizontally by bands of brick branching out from the regular bond above the rhythmically placed windows.
The orthogonal switching house points into the depth of the plot and is sandwiched into the slightly curving ground plan of the office building; the latter's high saddle roof means that it is hardly perceivable from the street. This rear part of the plot is accessed through a gateway in the office building.
While the office building was designed so that the technical function of the complex was unrecognisable, the construction of the switching house's courtyard facade reveals its technical purpose as a consequence of the division of floors and window order. The base station of dark-red brick has three main levels and is accessed by a stairwell running crosswise to the building's longitudinal axis. Another stairwell forms the termination of the switching house, set in front of it within a circular tower. The window slits, very close together, follow the course of the stairs. The entire rear part of the building has a high saddle roof.
The T-shaped ground plan facilitates good lighting of all areas. Residential use is conceivable in the rear half of the building that faces the water, while the building to the street offers space for creative commercial usage and individual offices. The building is listed as one of Berlin's architectural monuments.
The plot is situated within the area of the building plan XVI–13 laid out in November 2004. In addition to the existing building, this includes a five-storey volume close to the river bank. The urban development plan projects a riverside pathway for the land parcel directly beside the bank of the Spree, which does not belong to the plot.
In the early 1990s, the office building was modernised for use by technicians employed by what was then Bewag. The switching installations were in operation until 1997, but have been dismantled largely since then.

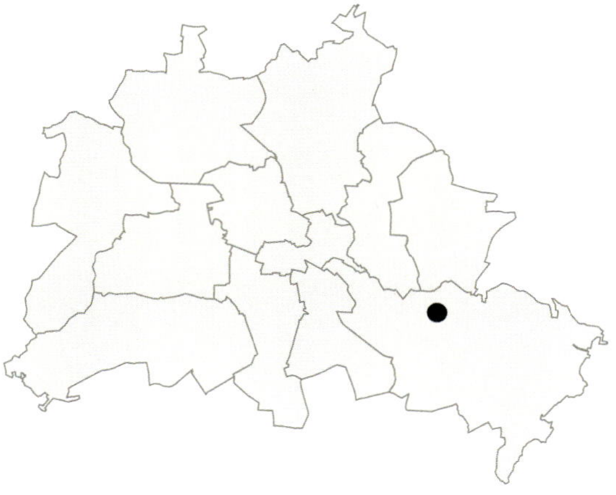

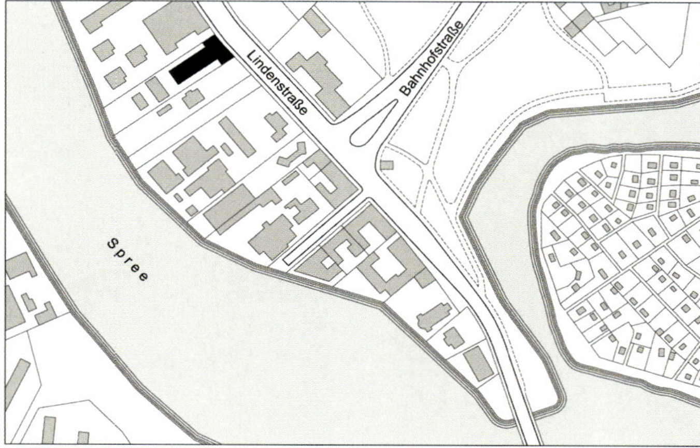

Lageplan Plan of site 1:7500

Ansicht von Norden View from the North

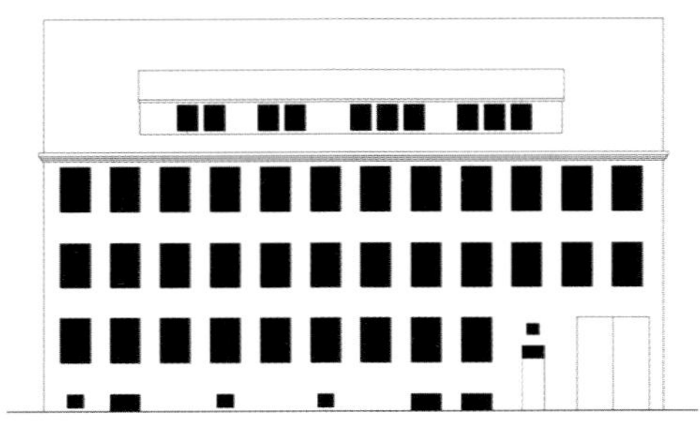

Fassade Nordosten Northeast facade 1:500

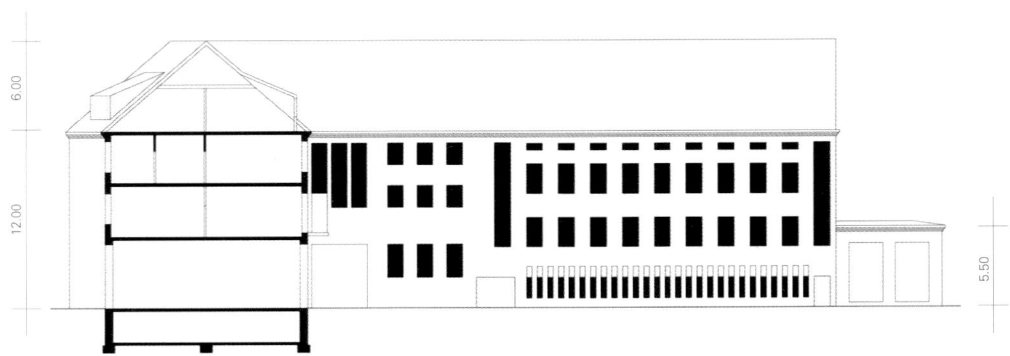

Schnitt und Fassade Nordwesten Section and Northwest facade 1:500

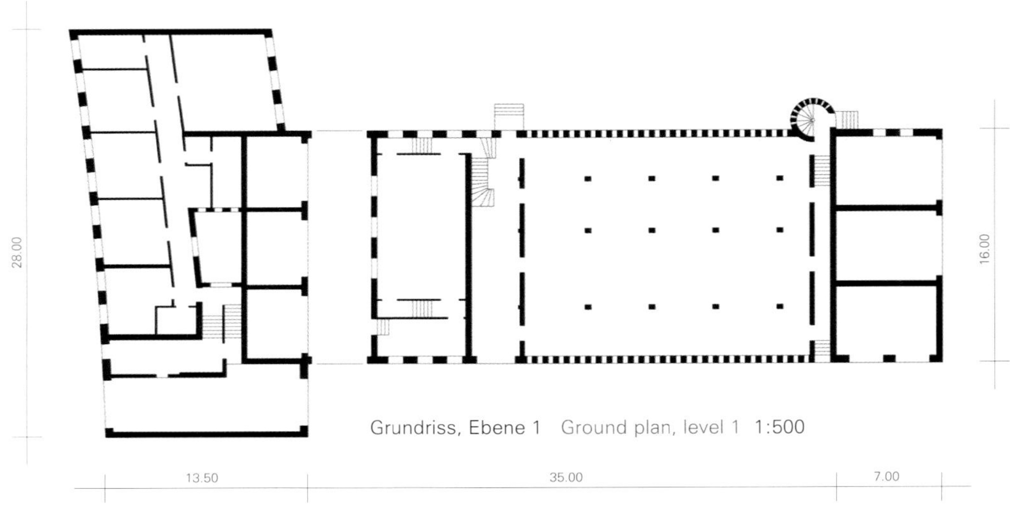

Grundriss, Ebene 1 Ground plan, level 1 1:500

Treppenraum, Ebene 2 Stairwell, level 2 1:500

Schaltraum, Ebene 1 Switch room, level 1

Ansicht von Südosten View from the Southeast

Halle über der Durchfahrt im Hof Hall over the gateway into the courtyard

Umspannwerk Uklei – Spandau
Transformer Station Uklei – Spandau
Am Juliusturm 2–8

Standort Location Am Juliusturm 2–8, 13599 Berlin-Spandau
Grundstücksgröße Plot size 9.558 m²
Flächennutzungsplan Land-use plan Nichtbaugebiet / Bestandsschutz
Not building area / Right of continuance
Bruttogrundfläche Gross floor space 8.644 m² / ohne Kellerangabe without basement
Größe einer Ebene Size of one level 1.485 m²
Denkmalschutz Listed ja yes

Das 1928-29 von Hans Heinrich Müller erbaute Umspannwerk Uklei wurde zusammen mit einem Wohngebäude für das Betriebspersonal errichtet und befindet sich im Stadtteil Berlin-Spandau zwischen Siemensstadt und der Spandauer Altstadt. Eingebettet in eine heterogen genutzte Umgebung mit einem starken Anteil an gewerblicher Nutzung, grenzt das Grundstück an ein dicht besiedeltes Wohnareal im Osten und weitläufige Gewerbeflächen im Westen, die durch die Havel von der Spandauer Altstadt und der Wasserstadt Spandau getrennt sind. Eine öffentliche Grünanlage wird zukünftig entlang des hinter dem Grundstück liegenden Kanals eine fußläufige Durchwegung zwischen den neuen Wohngebieten und der Altstadt ermöglichen.
Das Grundstück ist verkehrsgünstig an der U-Bahnlinie U7 gelegen. Der Bahnhof Haselhorst liegt in unmittelbarer Nähe und bindet die Altstadt Spandau binnen fünf Minuten an.
Das vorhandene Umspannwerk entstand als erster von zwei geplanten Bauabschnitten, von denen der zweite nicht mehr ausgeführt wurde. Der zur Straße Am Juliusturm vorspringende Wartenbereich markiert zusammen mit dem kompakten, freistehenden Wohngebäude den Eingangsbereich zum Grundstück. Die beiden Baukörper bilden eine Gasse, von der sowohl Wohnhaus als auch Umspannwerk erschlossen werden. An den markanten Kopfbau des Umspannwerks schließen sich seitlich die etwas niedrigeren Treppenhaustürme an. Von dort erreicht man über schmale Erschließungsgänge die jeweils quer dazu liegenden ehemaligen Räume der Schaltanlagen. Parallel zum nördlichen Erschließungsgang liegen rückwärtig das Maschinenhaus mit zweigeschossiger ungeteilter Halle im ersten Obergeschoss und der Reglerbau. Die ziegelsichtige rote Backsteinfassade wird durch Reihen stehender Fensterformate und kleiner Lichtöffnungen sowie einen leicht vorspringenden Sockelbereich gegliedert.
Wie das Umspannwerk, so ist auch das zweigeschossige Wohnhaus im gesamten Ausdruck schlicht und einfach gehalten. Das freistehende Gebäude nimmt vier Wohnungen auf, die jeweils eine Loggia in südwestlicher Ausrichtung aufweisen. Alle Gebäudeteile zeichnen sich durch eine kaum noch zu reduzierende Einfachheit und Strenge aus.
1991 wurde der Betrieb eingestellt und die technischen Anlagen wurden ausgebaut. Das Ensemble steht unter Denkmalschutz.
Die Struktur des Umspannwerks bietet sehr gute Bedingungen zur Umnutzung. Die seitlichen Treppenhäuser mit Lastenaufzug liegen günstig im Gebäude. Die beiden schmalen, ehemals zur Entrauchung der Anlagen dienenden Höfe können in Lichthöfe umgebaut werden, um entweder eine großflächige Nutzung oder auch mehrgeschossige kleinteilige Einheiten zu ermöglichen. Das Kopfgebäude kann in allen Etagen kleinteilige Nutzungsbereiche bieten.

A.D.

The transformer station Uklei, designed by Hans Heinrich Müller in 1928-29, was erected at the same time as a residential house for operating personnel. It is situated between Siemensstadt and Spandauer Altstadt in the Berlin district of Spandau. The plot is located in an area of heterogeneous usage with a large proportion of industry, and borders on a densely populated residential area in the East and large-scale commercial areas in the West. These are separated from Spandauer Altstadt and Wasserstadt Spandau by the Havel. In future, a public park will open up pedestrian access to the new residential areas along the canal, which lie behind the plot.
The plot is well-placed for public transport on the underground line U7. In the immediate vicinity is the station Haselhorst, which provides a five-minute connection to Altstadt Spandau.
The existing transformer station was erected as the first of two planned phases of building. The overall volume consists of individual architectural bodies which were assembled according to the technical demands of the plant's installations. The second phase of building was not realised. As a result, the West facade appears less homogeneous than the other facades.
Together with the compact, free-standing residential house, the switching area – projecting towards the street Am Juliusturm – marks the entrance to the plot. The two volumes form an alleyway from which both the residential building and the transformer station are accessed. The slightly lower stairwell towers are attached to the transformer station's head building at the sides. The rooms formerly accommodating switching installations are located crosswise to the stairwells and accessed from them via narrow corridors. Parallel to the northern corridor, at the back, is the machine hall with a two-storey, undivided hall on the first floor and the regulator building. The exposed red brick facade is divided by rows of vertical windows and small light openings and by a slightly projecting basement area.
Like the transformer station, the two-storey residential building also conveys a simple overall impression. The free-standing building consists of four apartments, each of which has a loggia facing the South-West.
By contrast to earlier inner-city power stations, in this entire ensemble Hans Heinrich Müller rejected any form of décor to divide the facades. All the building's parts are characterised by a simplicity and rigour that could hardly be reduced further.
The plant was taken out of operation and the technical installations were dismantled in 1991. The ensemble is listed.
The transformer station's structure provides excellent conditions for re-use. The lateral stairwells have goods lifts and are well-placed within the building. The two narrow courtyards, formerly used to de-smoke the installations, could be converted into atriums. This would either facilitate large-scale usage or could create several-storey, small-scale units. The head building is suitable for small-scale usage on all floors.

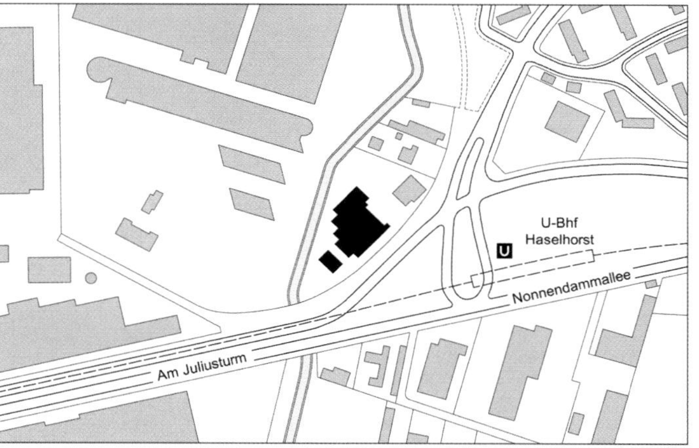

Lageplan Plan of site 1:7500

Ansicht von Süden View from the South

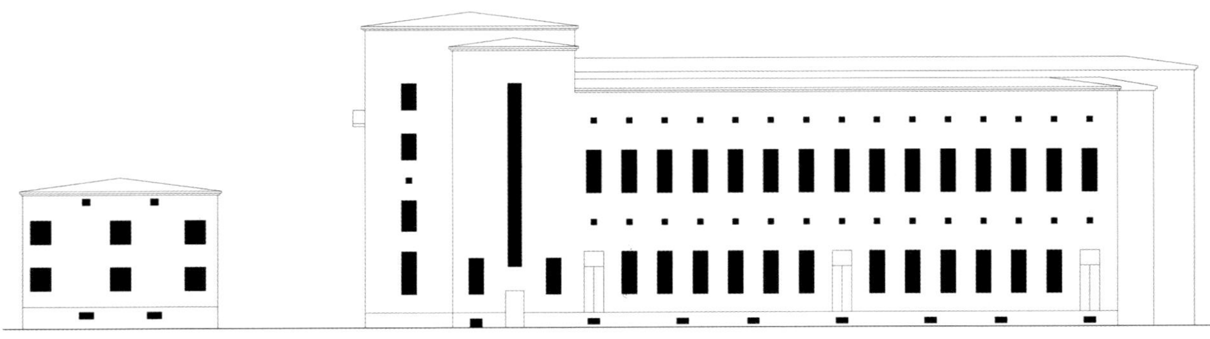

Fassade Südosten Southeast facade 1:500

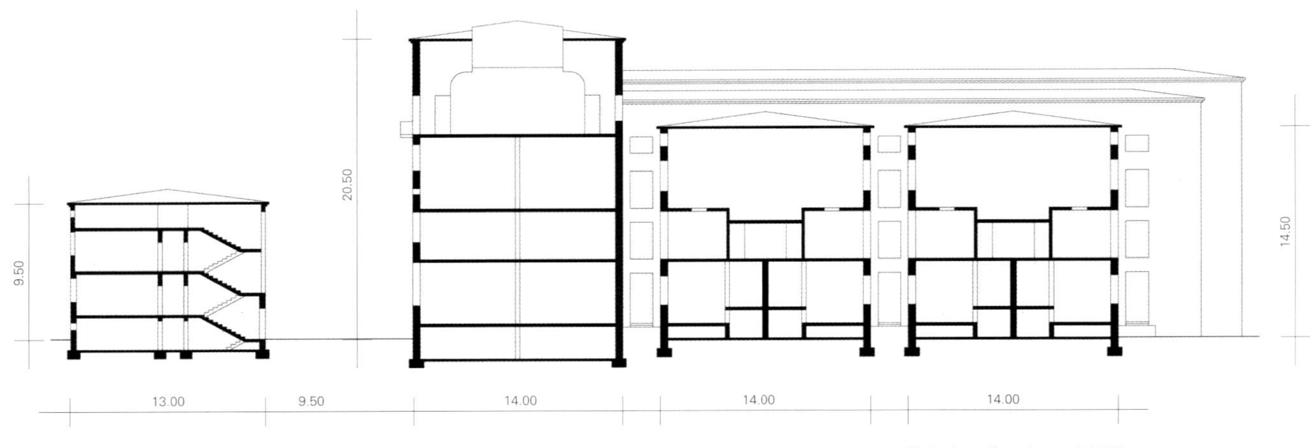

Schnitt Section 1:500

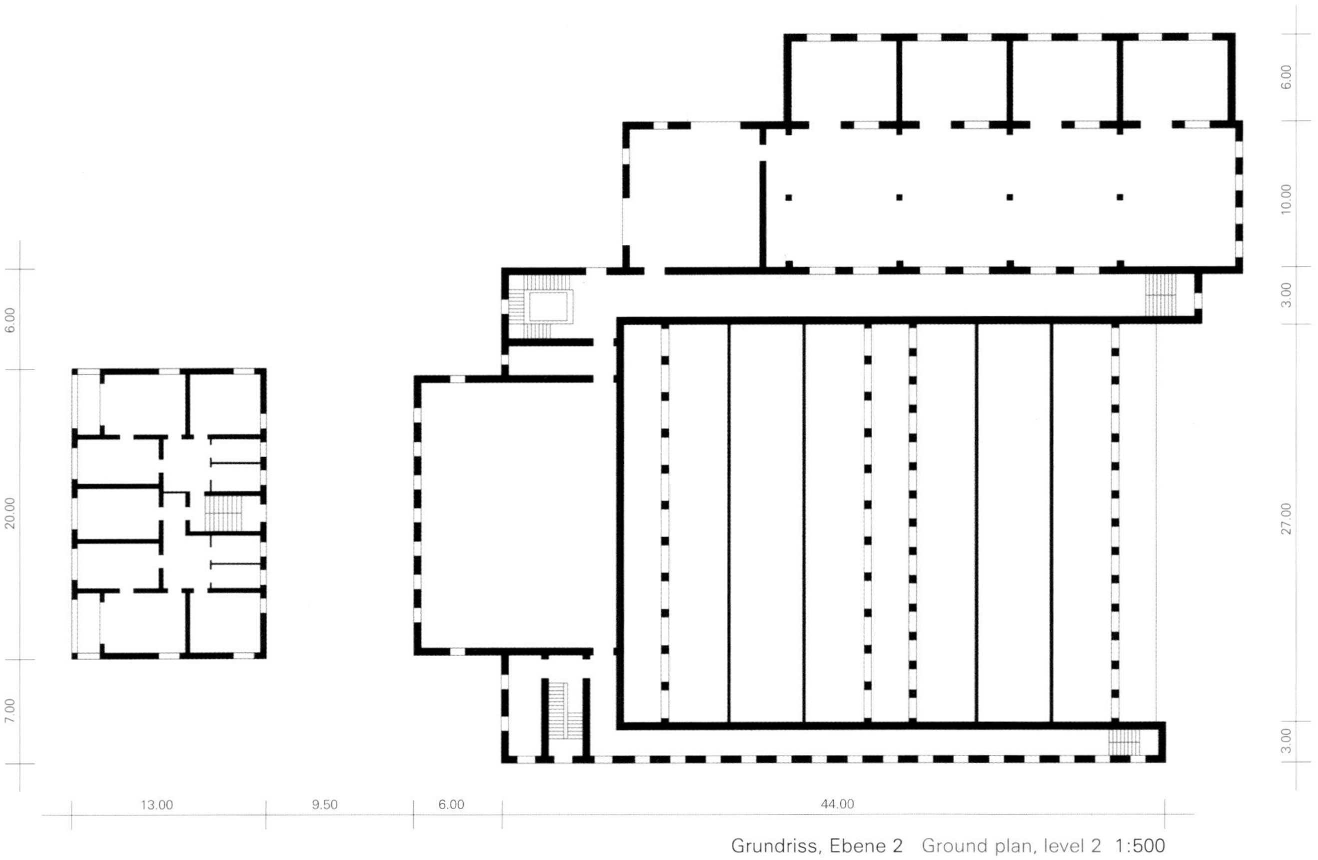

6.00
20.00
7.00
6.00
10.00
3.00
27.00
3.00
13.00
9.50
6.00
44.00

Grundriss, Ebene 2 Ground plan, level 2 1:500

Ehemalige Schaltwarte Former switching centre

Schaltraum, Ebene 3 Switching room, level 3

Maschinenhalle Machine hall

Stützpunkt Christiania – Wedding
Base Station Christiania – Wedding

Osloer Straße 16–17

Standort Location Osloer Straße 16–17, 13359 Berlin-Wedding
Grundstücksgröße Plot size 950 m²
Flächennutzungsplan Land-use plan Wohnbaufläche W1 / GFZ über 1,5
Housing area W1 / Plot ratio over 1,5
Bruttogrundfläche Gross floor space 2.065 m² / ohne Kellerangabe without basement
Größe einer Ebene Size of one level 320 m²
Denkmalschutz Listed ja yes

Der ehemalige Stützpunkt Christiania wurde im Jahr 1929 nach Entwürfen von Hans Heinrich Müller an der Kreuzung Osloer Straße/Prinzenstraße errichtet. Auf dem von beiden Seiten durch Berliner Blockrandbebauung begrenzten schmalen Grundstück gelang Müller durch Stapelung der technischen Anlagen und Teilung der notwendigen Baumassen in zwei voneinander getrennte Volumina eine Konzentration der Baumassen auf der Ecke des Grundstücks. Der Stützpunkt wurde bereits 1977 außer Betrieb genommen.

Das in der Verlängerung der Bornholmer Straße, unweit der Bornholmer Brücke, gelegene Grundstück liegt sehr verkehrsgünstig im Einzugsbereich des Bahnhofs Gesundbrunnen. Die Osloer Straße bildet die Ost-West-Verbindung nach Prenzlauer Berg und Wedding mit gutem Anschluss an die Autobahn. S-Bahn, U-Bahn, Straßenbahn und Buslinien binden das Grundstück gut an.

Entlang der Osloer Straße befindet sich ein viergeschossiger liegender Baukörper mit gleichmäßiger Fensterteilung. Die stehenden Fenster sind in den Obergeschossen fast bündig in die Fassade gesetzt und unterstreichen damit den flächigen Eindruck der schlichten Ziegelfassade, die durch ein Hohlkehlgesims zu einem eleganten Abschluss gebracht wird. Die ruhige Fassadengestaltung kontrastiert mit dem nebenstehenden Gebäudeteil, dessen zur Osloer Straße und Prinzenstraße weisende Fassaden durch hoch aufragende, Mauerwerkspfeiler aufgebrochen sind. Den oberen Gebäudeabschluss bildet ebenfalls ein Hohlkehlgesims, in das die geschossübergreifenden Fensteröffnungen als Spitzbögen eingeschnitten sind.

Beide Gebäudeteile sind durch Treppenhäuser unabhängig voneinander erschlossen und weisen sehr gut nutzbare Geschosshöhen von 3,60 Metern auf. Zwischen den Gebäuden sind bereits Übergänge vorhanden, die eine durchgängige Nutzung ermöglichen.

Durch die Vermietung an eine Theatergruppe war es Vattenfall möglich, einen „Ankermieter" zu finden, der weitere Mieter anzog und auf diese Weise eine Vollvermietung des Standortes ermöglichte. Auch hier ist der Verkauf der Liegenschaft an die Nutzer erklärtes Ziel der gemeinsamen guten Zusammenarbeit zwischen den Mietern und dem Eigentümer Vattenfall.

A.D.

The former base station Christiania was built according to plans by Hans Heinrich Müller at the junction Osloer Straße/ Prinzenstraße in 1929. Müller succeeded in concentrating the building mass at the corner of the narrow plot, defined by Berlin block building on both sides, by stacking the technical installations and dividing the necessary building mass into two separate volumes. The base station was already decommissioned in 1977.

The site is situated in the extension of Bornholmer Straße, not far from Bornholmer Bridge, and is very well-placed for public transport within the catchment area of Gesundbrunnen station. Osloer Straße represents the East-West connection to Prenzlauer Berg and Wedding, and the plot is well-integrated with good connections to the motorway, city railway, underground, trams and bus routes.

Along Osloer Straße there is a four-storey building with regular windows. On the upper floors, the vertical windows are almost flush with the wall and so underline the two-dimensional impression of the simple brick facade, which is elegantly terminated by a fluted cornice. The quiet design of this facade contrasts with the adjacent part of the building, the facades of which – facing Osloer Straße and Prinzenstraße – are broken up by triangular, upwardly projecting masonry piers. The building's upper termination is also formed by a fluted cornice, cut into by the pointed arches of the window openings, which span all storeys.

Both parts of the building are accessed independently via stairwells, and have floor heights of 3.60 m, suitable for every type of re-use. Connections between the buildings already exist, meaning that a single use for the entire complex is conceivable.

Vattenfall found a "mainstay tenant" for the property in the shape of a theatre group, which has attracted more tenants and so facilitated complete leasing out of the location. Here too, good cooperation between the tenants and the owner Vattenfall makes the sale of the property to its users a declared aim.

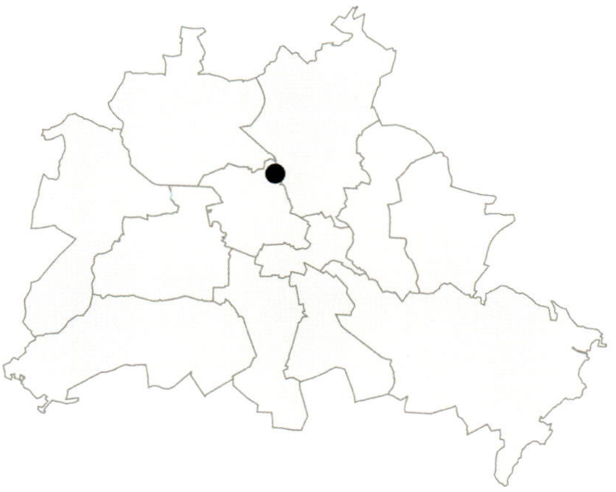

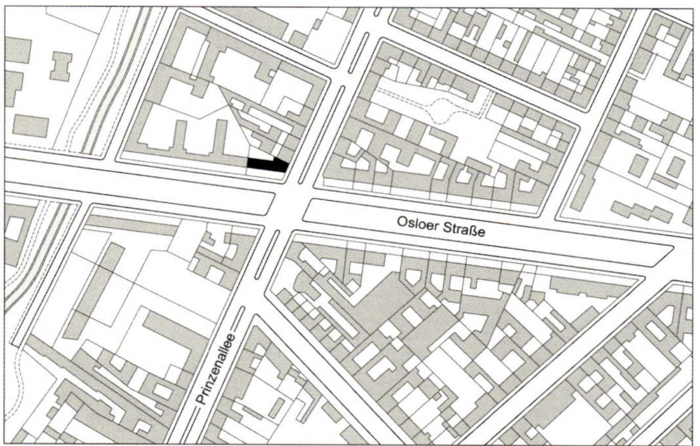

Lageplan Plan of site 1:7500

Hohlkehlengesims am Turmbau Fluted cornice on tower building

Ansicht von Süden, 1952 View from the South, 1952

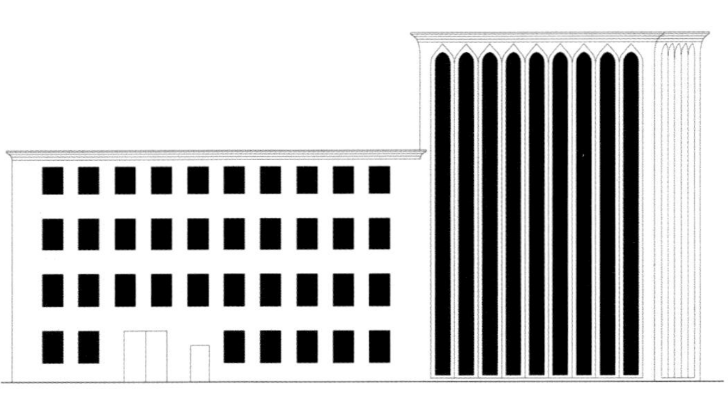

Fassade Süden South facade 1:500

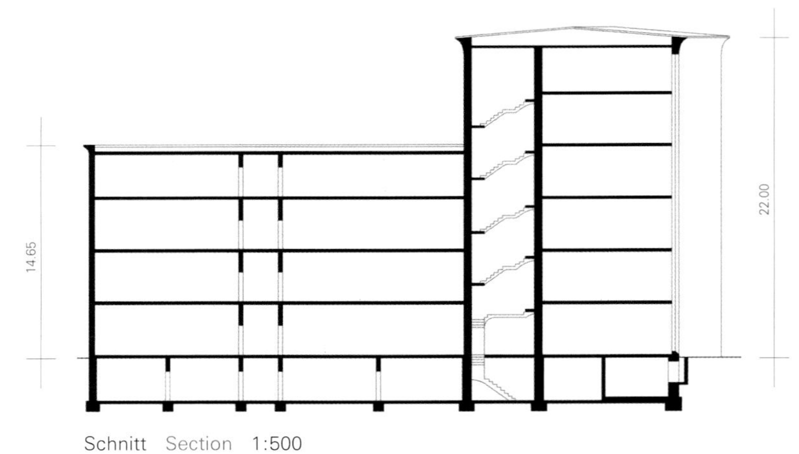

Schnitt Section 1:500

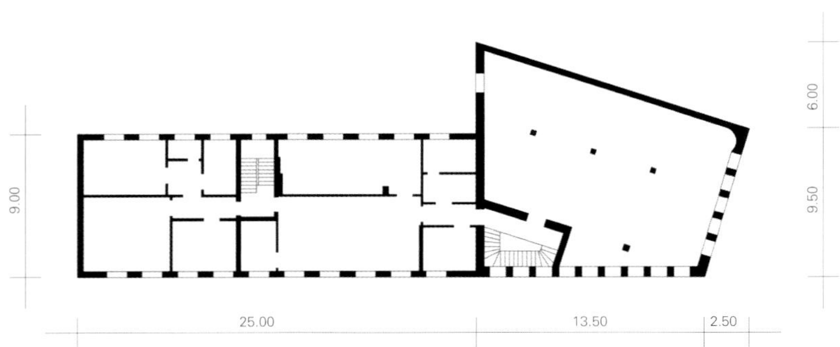

Grundriss, Ebene 2 Ground plan, level 2 1:500

Ansicht von der Prinzenstraße
View from Prinzenstraße

Logo über dem Eingang
Logo above the entrance

Ansicht von Südosten, 1929
View from Southeast, 1929

Verwaltungsbau an der Osloer Straße   Administrative building on Osloer Straße

Umspannwerk Adlershof
Transformer Station Adlershof
Radickestraße 59–61

Standort Location Radickestraße 59–61, 12489 Berlin-Adlershof
Grundstücksgröße Plot size 1.504 m²
Flächennutzungsplan Land-use plan Wohnbaufläche W2 / GFZ bis 1,5 Housing area W2 / Plot ratio 1,5
Bruttogrundfläche Gross floor space Altbau 472 m², Neubau 947 m² / ohne Kellerangabe without basement
Größe einer Ebene Size of one level Altbau Old building 118 m², Erweiterung Extension 371 m²
Denkmalschutz Listed ja yes

In einem städtebaulichen Mischgebiet im Ortsteil Berlin-Adlershof liegt das ehemalige Umspannwerk Adlershof. Die mehrgeschossigen, überwiegend sanierten Wohnhäuser der Umgebung werden vielfach im Erdgeschoss und in den angrenzenden Hofgebäuden gewerblich genutzt. Die nahe gelegene Dörpfeldstraße ist eine traditionelle Kiezeinkaufsstraße.
Zur Zeit der Errichtung des Umspannwerks im Jahr 1931 stand nur ein schmales Grundstück zur Verfügung. Daher wurden die technischen Anlagen in einem nur sechs Meter breiten Gebäude, in vier übereinander liegenden Ebenen, angeordnet. Aufgrund der unmittelbaren Lage an der südwestlichen Grundstücksgrenze konnte zur Nachbarparzelle nur eine fensterlose Brandwand errichtet werden. Das Hauptaugenmerk in der Gestaltung legte Hans Heinrich Müller daher auf die Ausformulierung der zur Straße weisenden Schmalseite und deren Übergang zur lang gestreckten Hauptfront. Durch die Abrundung der frei stehenden Gebäudeecken wurden Schmal- und Längsseite in einem kontinuierlichen Fassadenverlauf zusammengefasst, die Schmalseite durch eine spiralförmig in den Gebäudekörper eingeschnittene Stahltreppe und ein kreisförmiges Fenster betont.
Die Fassadenöffnungen in der Längsseite wurden axialsymmetrisch angelegt: Drei Achsen mit großformatigen, fast bündig in der Außenwand liegenden Stahlfenstern, ein tief in das Gebäude eingesenkter Zugang in der Mittelachse, flankiert von den zwei großen Toren der Transformatorenkammern, und ein mittig auf die Dachkante gelegter Lüftungsaufsatz lassen genug Raum, um die großen Wandflächen in gelb geflammtem Backstein wirken zu lassen.
Mit der Erweiterung des Standortes Anfang der 1950er Jahre wurde ein Übergang zwischen dem Neubau und dem Umspannwerk von 1931 angelegt. Müllers Bestandsbau erhielt in diesem Zuge eine neue Decke über dem Erdgeschoss.
Mit dem Erweiterungsbau entstand ein wohlproportionierter kubischer Baukörper aus verputztem Mauerwerk. Hinter den gleichmäßig angeordneten Fensterreihen der durch Wandvorlagen betonten Fassaden verbargen sich auf drei Ebenen die technischen Funktionen: Im südlichen Teil des Erdgeschosses waren ehemals Trafos und die 30-kV-Anlage in zweigeschossigen Räumen untergebracht, das weitere Raumprogramm bestand aus Büro- und Werkstattflächen sowie zwei Wohnungen. Im fünf Meter hohen Obergeschoss befand sich die 6-kV-Schaltanlage. Dieser fensterreiche und lichtdurchflutete Raum ist heute frei von Technik.
Das Umspannwerk ist seit 1998 außer Betrieb. Der ältere Teil des Ensembles ist in der Berliner Denkmalliste als Baudenkmal verzeichnet. Für ihn bietet sich in den oberen Ebenen Wohnnutzung an. Die hellen großen Räume des neuen Umspannwerkes sind beispielsweise für eine künstlerisch-kulturelle Nutzung geeignet.

K.S.

The former small-scale transformer station Adlershof is situated within a combined urban developmental area in the Berlin district Adlershof. The ground floors and adjacent courtyard buildings of the several-storey, largely restored apartment houses in the surrounding area are frequently used for commercial purposes. In the vicinity, the parallel Dörpfeldstraße is a traditional local shopping street.
At the time when the small-scale transformer station was built in 1931, only a narrow plot was available. So the technical installations were laid out on four levels in a building only six metres wide. As a result of its location directly beside the south-western edge of the plot, it was only possible to erect a windowless firewall to the neighbouring plot. Hans Heinrich Müller therefore made the key design features the development of the narrow side facing onto Radickestraße and its transition to the long, elongated main front with its two transformer chambers. By rounding off the free-standing building edges, Müller succeeded in subsuming the narrow and long side into a continual facade. The powerful rounding of the building's edges is re-adopted by a round window facing onto the street and a steel staircase set spirally into the volume of the building.
Müller arranged the facade openings of the long side on an axial symmetric basis: three axes with large-format steel windows almost flush to the external wall, an entrance set deep into the central axis and flanked by two large gateways to the transformer chambers, and a ventilation cap set at the centre of the roof edge leave sufficient space for the large areas of wall in yellow moiré brick to create a striking impression.
When the station was extended at the beginning of the 1950s, a crosswalk was built between the new building and the transformer station dating from 1931. In the course of this work, Müller's existing building was given a new ceiling above the ground floor, which can be discerned from the changes in height of the gates the windows above the gates.
The extension is a well-proportioned cubic volume consisting of rendered brickwork. The technical functions were concealed on three levels behind the rows of regular street-facing windows on the facades, which are accentuated by wall projections: in the part of the ground floor to the South, the transformers and the 30 kV plant were accommodated in two-storey rooms, the other areas consisted of offices, workshops and two apartments. The 6 kV switching plant was on the five-metre high top floor. Today, this room – with innumerable windows and flooded by light – is free of technical installations.
The transformer station has been out of operation since 1998. The older part of the ensemble is on the list of architectural monuments in Berlin. The upper levels of Müller's building would be suitable for residential use. The light, large rooms of the new transformer station are ideal for a creative-cultural use.

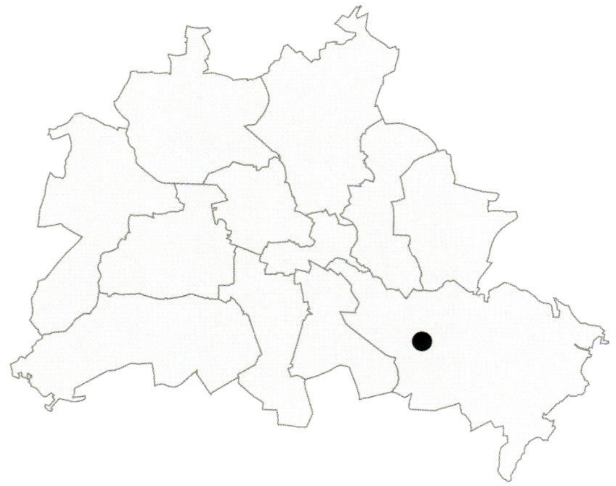

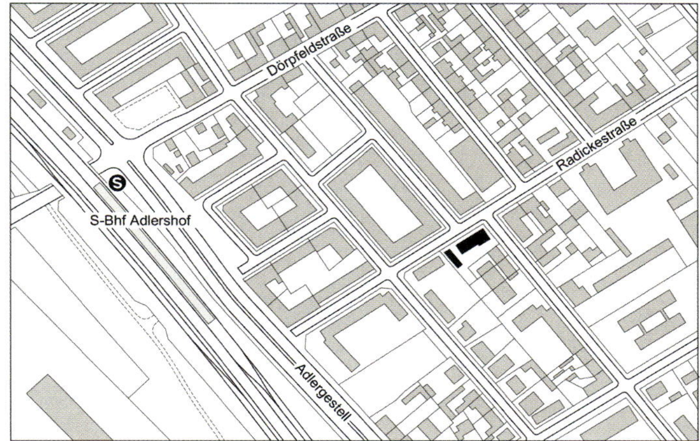

Lageplan Plan of site 1:7500

Ehemaliger Schaltraum im Erweiterungsbau Former switching room in the extension

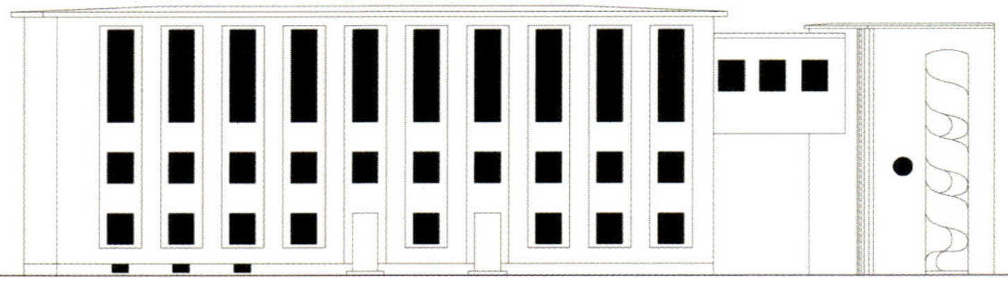

Fassade Nordwesten Northwest facade 1:500

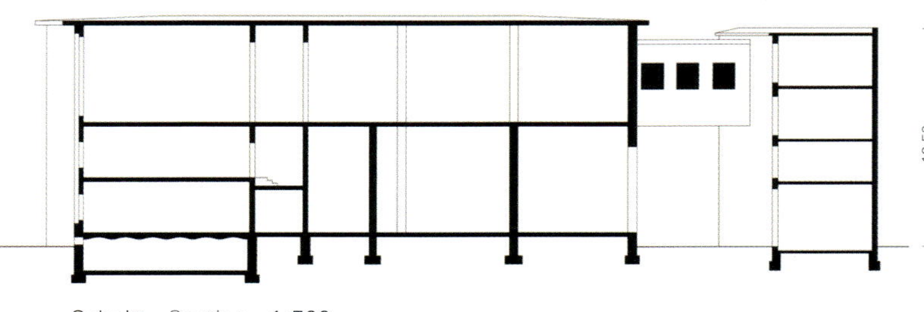

Schnitt Section 1:500

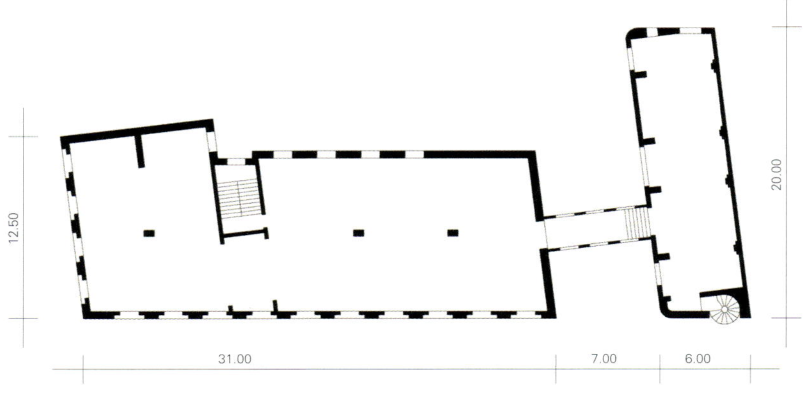

Grundriss, Ebene 3 Ground plan, level 3 1:500

Fassade Nordwesten Northwest facade 1:500

Ansicht von Westen View from the West

Ansicht von Norden, um 1931
View from the North, c. 1931

Umspannwerk Oberspree – Oberschöneweide
Transformer Station Oberspree – Oberschöneweide
Wilhelminenhofstraße 78

Standort Location Wilhelminenhofstraße 78, 12459 Berlin-Oberschöneweide
Grundstücksgröße Plot size ca. 4.430 m²
Flächennutzungsplan Land-use plan gewerbliche Baufläche / Erhaltungsgebiet Oberschöneweide
Commercial building area / Preservation area Oberschöneweide
Bruttogrundfläche Gross floor space 3.383 m² / ohne Kellerangabe without basement
Größe einer Ebene Size of one level 240 m² Trafogebäude Transformer building
230 m² Maschinenhalle Machine hall
Denkmalschutz Listed ja yes

Das Umspannwerk Oberspree befindet sich an der Kreuzung der Wilhelminenhof- und Laufener Straße und ist Teil der eindrucksvollen historischen Industrielandschaft entlang der Spree. Bereits 1912 wurde hier in direkter Nachbarschaft zum ehemaligen Kraftwerk Oberspree ein Abspannwerk errichtet, das 1933 nach Plänen von Hans Heinrich Müller erweitert wurde. Dem dreigeschossigen Altbau an der Grundstücksecke zur Laufener Straße stellte der Entwurf eine Gebäudegruppe gegenüber, die einer bestehenden Trafozelle an der Grundstückseinfahrt ausweichen musste. Müller verteilte die Funktionen des Umspannwerks daher auf zwei unabhängige Baukörper, als deren Gelenk er ein Treppenhaus ausbildete und die er durch ein sanft geschwungenes Wartengebäude zusammenband.

Zur Aufstellung der Transformatoren wurde der Altbau genutzt und durch eine mäanderförmige Bebauung verlängert. Dieser Appendix wurde 1995 durch den Neubau eines modernen Umspannwerks ersetzt.

Alle Werksgebäude sind in für den Industriestandort Oberspree typischem gelbfarbenem Klinker ausgeführt und fügen sich, trotz der unterschiedlichen Fassadensprachen, zu einem Ensemble. Dem einfachen Werk von Müller, das seine besondere Wirkung vornehmlich aus dem elegant geschwungenen Wartengebäude bezieht, steht der Altbau als kräftiger, mit Lisenen gegliederter Baukörper entgegen.

Mit der 1995 erfolgten Inbetriebnahme des neuen Abspannwerks in der Laufener Straße wurde der alte Standort stillgelegt und die technischen Einbauten wurden entfernt.

Nachdem die Entwicklung des Stadtgebiets Oberspree nach der Wende stagnierte, konnten dort in den vergangenen Jahren verschiedene Industrieareale wieder einer Nutzung zugeführt werden. So befindet sich heute in der Nähe des Standorts die Fachhochschule für Technik und Wirtschaft Berlin (FHTW). Zurzeit ist eine Fußgängerbrücke im Bau, die in Verlängerung der Laufener Straße das auf der anderen Uferseite der Spree gelegene Wohngebiet anbinden wird. Von dem Brückenbau werden weitere Impulse für die Entwicklung des Gebiets erwartet. Ebenfalls am Ende der Laufener Straße und am Übergang des Brückenkopfs wird zurzeit durch Kahlfeldt Architekten ein Zentrum für Gegenwartskunst errichtet. Zur Erschließung des künftigen Standorts für Kultur und Wissenschaft ist eine direkte Wassertaxi-Verbindung mit den Berliner Museen auf der Museumsinsel in Planung.

Die Gebäude des Abspannwerks Oberspree eignen sich hervorragend für eine kulturelle oder kleingewerbliche Sondernutzung. Sowohl die exponierte Lage des Grundstücks an der Kreuzung Wilhelminenhofstraße/Laufener Straße als auch Gebäudezuschnitt und architektonische Qualität legen eine derartige Nutzung nahe.

M.W.

The transformer station Oberspree is situated at the junction of Wilhelminenhof- and Laufener Straße and forms part of the impressive historical industrial landscape alongside the Spree. A transformer station was built here in direct proximity to the former power station Oberspree as early as 1912; it was extended according to plans by Hans Heinrich Müller in 1933. The plan was for a group of buildings opposite to the older, three-storey building on the corner of Laufener Straße, but these also had to accommodate an already existing transformer cell by the entrance to the plot. Müller therefore distributed the functions of the station in two separate volumes; he developed their intersection into the stairwell and connected them with a gently curving maintenance building.

The old building was used to set up the new transformers. As well as erecting the new building at the eastern edge of the plot, Müller extended this block with a meander-shaped building. In 1995, this appendix was replaced by the new building of a modern transformer station.

All the station's buildings are realised in the yellow-coloured brick that is typical of the industrial location Oberspree, and they match to create an ensemble despite their differing facade designs. The old building – a sturdy architectural body divided by pilaster strips – contrasts with Müller's simple complex, which develops its specific impact primarily from the elegantly curved maintenance building.

When the new transformer station in Laufener Straße was put into operation in 1995, the old location was decommissioned and the technical installations were removed.

The development of the urban district Oberspree stagnated after radical political change in Germany and various industrial sites here have been put to fresh use in recent years. The College for Technology and Economics Berlin (FHTW), for example, is now close to the location. A pedestrian bridge is currently being built to extend Laufener Straße and connect it to the residential area on the opposite bank of the Spree. Further stimulus for the development of the area is expected from the building of this bridge. Currently, a centre for contemporary art is also being built by Kahlfeldt Architects at the end of Laufener Straße, where the bridge head is situated. There are plans to realise a direct water-taxi service to the Berlin museums on the Museumsinsel, which will provide access to the future culture and science location.

The buildings of the transformer station Oberspree are excellently suited to special utilisation for culture or small-scale businesses. Both the prominent position of the plot at the junction of Wilhelminenhofstraße/Laufener Straße and the layout and architectural quality of the buildings suggest this type of usage.

Ehemalige Schaltwarte
Former switching centre

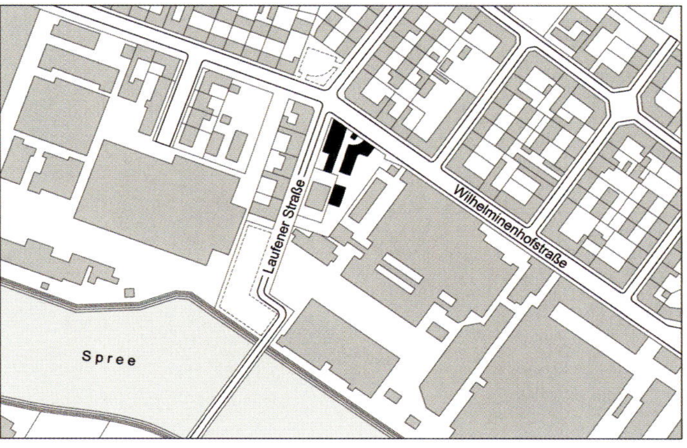

Lageplan Plan of site 1:7500

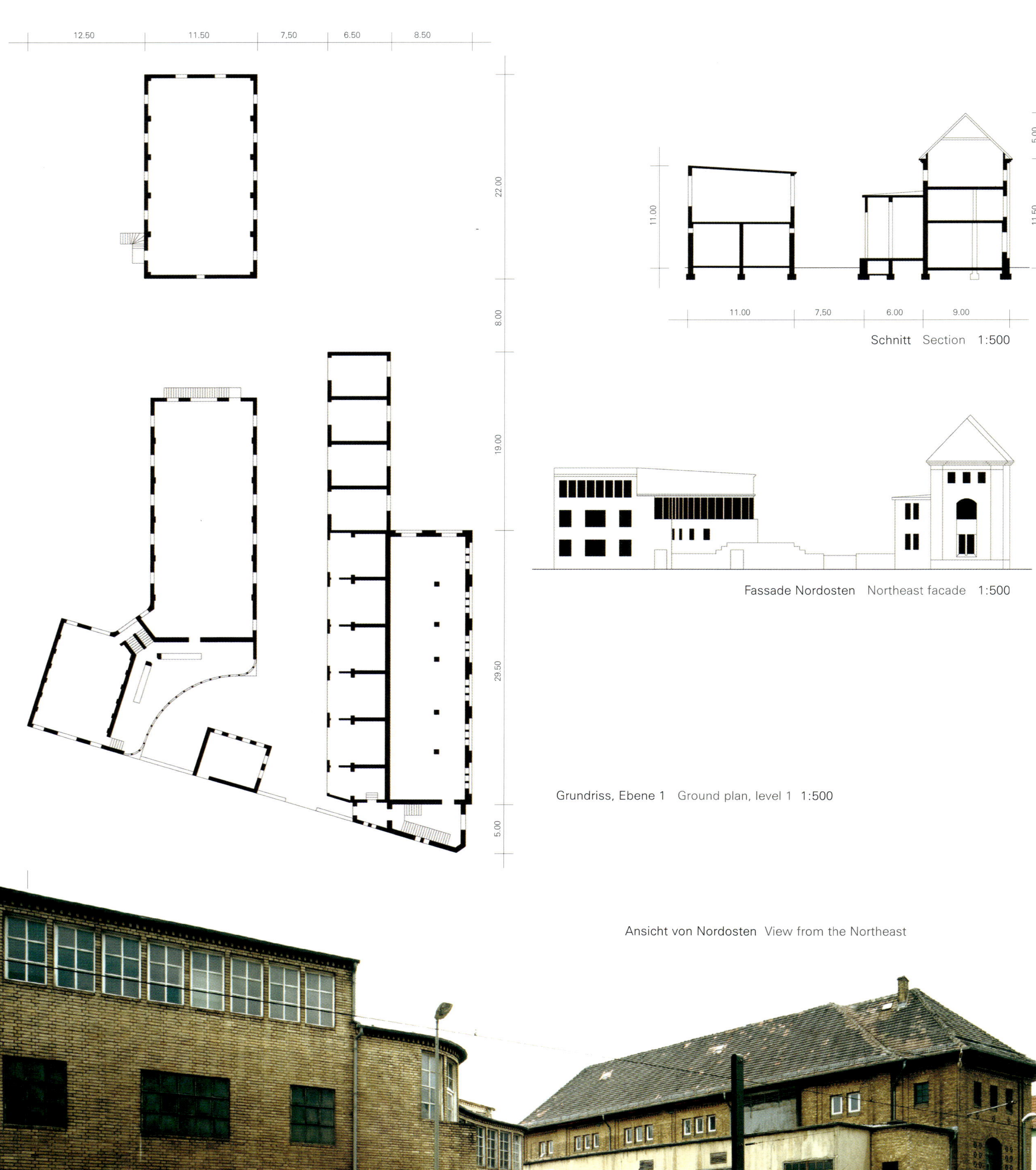

Schnitt Section 1:500

Fassade Nordosten Northeast facade 1:500

Grundriss, Ebene 1 Ground plan, level 1 1:500

Ansicht von Nordosten View from the Northeast

Maschinenhalle   Machine hall

Schaltraum im Altbau, Ebene 2   Switching room in the old building, level 2

Halle hinter der Schaltwarte, Ebene 2   Hall behind the switching centre, level 2

Umspannwerk Weißensee
Transformer Station Weißensee

Große Seestraße 13–14

Standort Location Große Seestraße 13–14, 13086 Berlin-Weißensee
Grundstücksgröße Plot size 3.355 m²
Flächennutzungsplan Land-use plan Wohnbaufläche W1 / GFZ bis 1,5
Housing area W1 / Plot ratio 1,5
Bruttogrundfläche Gross floor space 1.340 m² / ohne Kellerangabe without basement
Denkmalschutz Listed nein no

Die beiden im Abstand von 15 Jahren errichteten Baukörper des ehemaligen Kleinabspannwerks Weißensee befinden sich in unmittelbarer Ufernähe des dem Berliner Ortsteil seinen Namen gebenden Erholungsgebietes. Das bekannte Freilichttheater am Ufer des Sees befindet sich in direkter Nachbarschaft.
Trotz der ruhigen und idyllischen Lage des Grundstücks am flach abfallenden Seehang ist die Anlage gut verkehrstechnisch angebunden. Mit der fußläufig nur fünf Minuten entfernt gelegenen Straßenbahn ist das Zentrum am Alexanderplatz direkt in 25 Minuten zu erreichen. Verschiedene Busverbindungen in die Bezirke Pankow und Hohenschönhausen ergänzen die öffentliche Anbindung.
Das westlich gelegene Umspannwerk mit vorgestellten Trafokammern wurde durch die Bauabteilung der Bewag im Jahr 1940 geplant und als erster Bauabschnitt einer erweiterbaren Anlage errichtet. Dafür wurde das Grundstück des ehemaligen gemeindeeigenen Kraftwerks von Weißensee genutzt, von dem bis heute noch eine verbliebene Mauer an der südlichen Grundstücksgrenze zeugt. Das Werksgebäude aus dem Jahr 1955 nimmt die ursprüngliche Planung der 40er Jahre nicht auf, sondern stellt dem Umspannwerk ein dreigeschossiges Volumen gegenüber, das neben zwei Trafokammern und innen liegender Halle auch zwei Wohnungen für Betriebsangehörige und vier Garagen enthält.
Die beiden Gebäude stehen sich an einer internen Erschließungsstraße gegenüber; zwischen den beiden in Rauputz gehaltenen Volumen entsteht ein gut proportionierter Außenraum, der die beiden unterschiedlichen Bauten spannungsvoll zusammenführt. Durch ihre einfachen kubischen Volumen, den grauen Rauputz und die großen Transformatorentore verknüpfen sich die Gebäude zu einem geschlossenen Ensemble.
Das 1940 angelegte Umspannwerk weist mit den erhöhten Transformatorentürmen, den großen Toren und gleichmäßigen Reihen von Fenster- und Lüftungsöffnungen ein monumentales Erscheinungsbild auf. Die geplante Erweiterung hätte das Werk mit einem dritten Transformatorenturm nach Süden abgeschlossen. Rückwärtig ist eine großzügig ausgelegte Halle für die Schaltanlagen an den Gebäuderiegel der Transformatoren angeschlossen.
Die Nutzung des Standortes wurde 1995 aufgegeben, alle technischen Anlagen sind entfernt. Lage der Baukörper und Größe des Grundstücks erlauben eine Ergänzung der vorhandenen Bebauung um mehr als das Doppelte der vorhandenen Bruttogeschossflächen. Die zwei Bestandsgebäude sind aufgrund ihrer Struktur und Größe für eine Umnutzung zu Wohn- und Büroräumen geeignet.

A.D.

Built at an interval of 15 years, the two buildings of the former small transformer station Weißensee are situated in the immediate vicinity of the water in the recreation area that gives its name to the Berlin district. The well-known open air theatre on the edge of the lake is very close by.
Despite the quiet, idyllic location of the plot on the gently sloping incline towards the lake, the complex has good available transport connections. Only a five-minute walk away, there is a tramline with a direct connection to the centre at Alexanderplatz; a journey of only 25 minutes. Various bus connections to the neighbouring districts of Pankow and Hohenschönhausen complete the public transport facilities.
The transformer station in the West, with transformer cells set in front of it, was planned by the building department of the Bewag in 1940 and constructed as the first building phase of a complex that could be extended later. The plot of the former district-run power station of Weißensee was used for this purpose; evidence of that station is a wall on the southern edge of the plot that has survived even today. The works building from 1955 did not adopt the original plans from the 40s; instead, a three-storey volume containing two transformer cells, an interior hall, two apartments for company employees and four garages was erected opposite to the transformer station..
The two buildings face one another on an internal access road; a well-proportioned outside area thus emerges between the two volumes with their rough plaster rendering, creating an exciting interrelation between the two very different buildings. Their simple cubic forms, rough grey plastering and large transformer gateways mean that the buildings relate to form a self-contained ensemble.
The transformer station built in 1940 is monumental in appearance due to its high transformer towers, large gateways and regular rows of windows and ventilation openings. The planned extension would have completed the plant with an additional transformer tower in the South. At the back, the architectural block of the transformers is abutted by an extensive hall for the switching equipment.
The station was put out of operation in 1995, and all the technical installations have been removed. The position of the buildings and the size of the plot would permit an addition to the existing architecture more than doubling the present gross floor area. As a result of their structure and size, the two existing buildings are suitable for re-use as housing and/or offices.

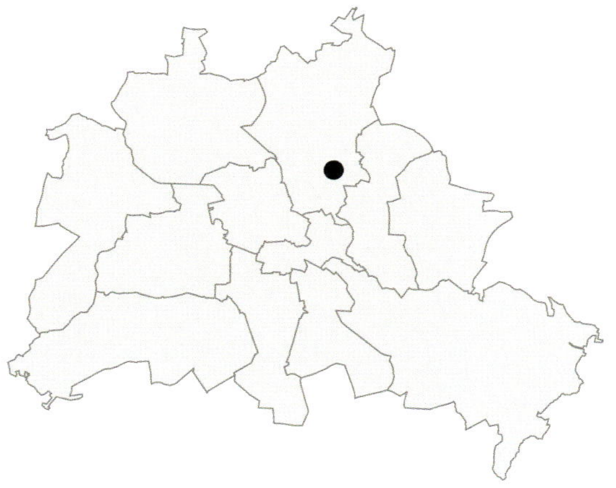

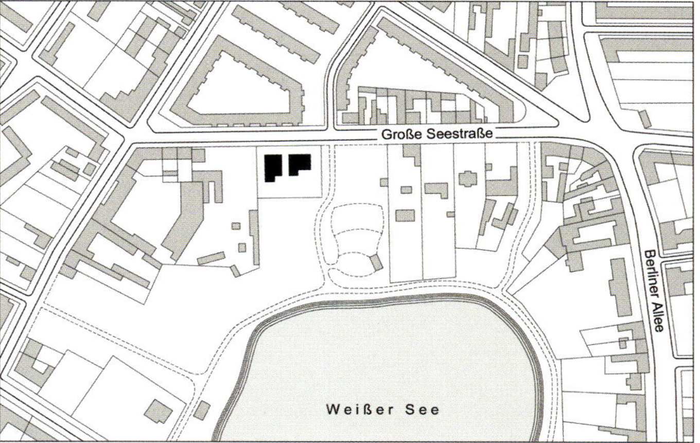

Lageplan Plan of site 1:7500

Ansicht von Nordwesten View from the Northwest

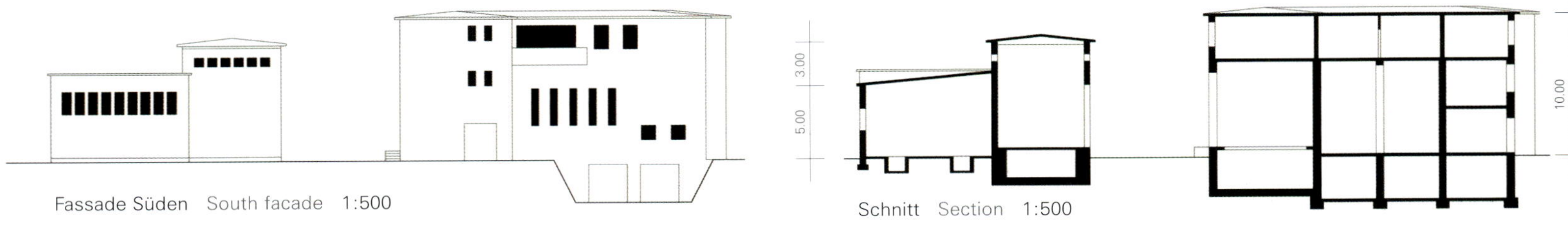

Fassade Süden South facade 1:500

Schnitt Section 1:500

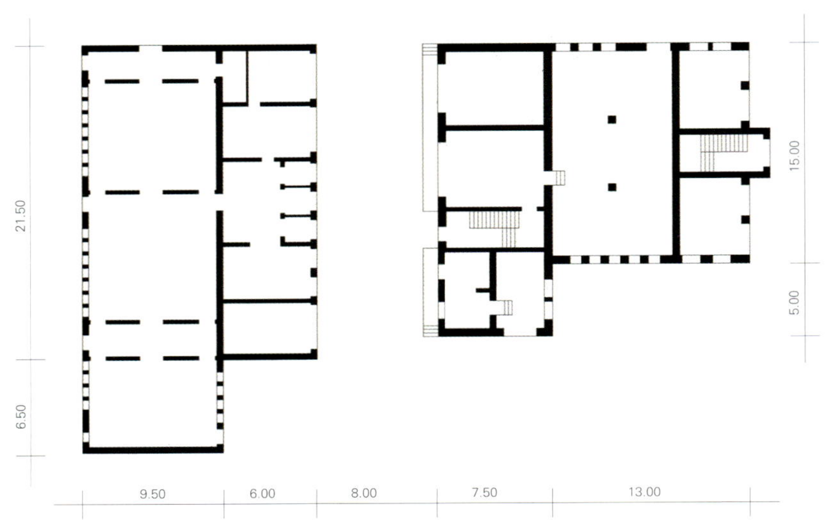

Grundriss, Ebene 1 Ground plan, level 1 1:500

Ansicht von Südosten View from the Southeast

Erschließungsstraße zwischen den beiden Baukörpern Access road between the two buildings

Schaltraum, Ebene 1 Switching room, level 1

Halle im Werksgebäude, Ebene 1 Hall in the works building

Ansicht von Nordwesten View from the Northwest

Schaltstation Blankenburg – Weißensee

Switching Station Blankenburg – Weißensee

Alt-Blankenburg 7

Standort Location Alt-Blankenburg 7, 13129 Berlin-Weißensee
Grundstücksgröße Plot size 666 m²
Bebauungsplan Planning law B-Plan XVIII–16 / Mischgebiet Combined area
Bruttogrundfläche Gross floor space 576 m² / ohne Kellerangabe without basement
Denkmalschutz Listed nein no

Das ehemalige Schalthaus wurde 1950 in einem freistehenden Gebäude am westlichen Ende des gut erhaltenen Dorfangers von Alt-Blankenburg eingerichtet. Es bestehen günstige Verkehrsanbindungen über die Heinersdorfer Straße zur Autobahn A 114. Das Berliner Zentrum Alexanderplatz ist über den 600 Meter entfernt liegenden S-Bahn-Anschluss Blankenburg in ca. 20 Minuten zu erreichen. Darüber hinaus bestehen Busverbindungen in die Ortskerne Pankow und Buch mit Umsteigemöglichkeiten zu U-Bahn und Straßenbahn. Nachbargemeinden sind die Pankower Ortsteile Buchholz, Heinersdorf, Karow und Malchow.
Die ehemalige technische Zweckbestimmung trat im dörflichen Gefüge Alt-Blankenburgs nicht in Erscheinung. Das zweigeschossige Gebäude mit Walmdach zeigt Gestaltungselemente aus den Vorgaben der Reform- und Heimatschutzarchitektur der 1930er Jahre und war dadurch unauffällig in die Nachbarbebauung integriert.
Im Erdgeschoss des Gebäudes befinden sich der Raum der ehemaligen 6-kV-Schaltanlage, je ein Raum für Reglertrafo und Netzstation, ein Garagenraum sowie ein Aufenthaltsbereich. Die Anlagen gingen 1975 außer Betrieb und wurden vollständig ausgebaut. Im darüber gelegenen ersten Obergeschoss befinden sich eine 1,5- und eine 2,5-Zimmer-Wohnung. Das Dachgeschoss ist ausbaufähig.
Das Gebäude ist durchgängig mit einem grauen feinen Rauputz versehen, der lediglich im unteren Bereich in einer Höhe von etwa 80 Zentimeter in der Struktur wechselt und einen Sockel andeutet. Als Hauptfassade ist die von der Straße abgewandte Westseite des Gebäudes ausgebildet. Sowohl im Erd- als auch im Obergeschoss sind die Fensteranordnungen symmetrisch. Hier befinden sich Eingang und Treppenhaus zur Erschließung des ersten Obergeschosses. Das Treppenhaus ist als Mittelrisalit mit vertikalem Fensterband und Eingangstür versehen. Das Walmdach mit weiter Auskragung und ortstypischer Biberschwanz-Kronendeckung wird auf der Vorder- und Rückseite durch eine mittig angeordnete Fledermausgaube belichtet.
Das Gebäude befindet sich im geschützten Denkmalbereich des Angers von Alt-Blankenburg; es ist allerdings nicht konstituierender Bestandteil des Ensembles. Grundstückszuschnitt und -größe des Gebäudes ermöglichen sowohl eine Erweiterung der Wohnnutzung im Erdgeschoss als auch die Ansiedlung von Gewerbe.

A.D.

The former switching station was installed in a free-standing building at the western end of the well-kept village green of Alt-Blankenburg in 1950. Favourable transport links exist via Heinersdorfer Straße to the motorway A 114. The centre of Berlin at Alexanderplatz can be reached in c. 20 minutes from the city-railway station Blankenburg, which is only 600 m away. In addition, there are bus routes to the district centres of Pankow and Buch, where it is possible to change onto underground and tram lines. Neighbouring parishes are the Pankow districts of Buchholz, Heinersdorf, Karow and Malchow.
The building's former technical purpose was not apparent within the village constellation of Alt-Blankenburg. Situated beside the road, the two-storey building with hip roof displays some design elements of 1930s Reform- and Heimatschutz architecture, and as a result, it was integrated inconspicuously into the neighbouring buildings.
The ground floor of the building accommodates the area of the former 6 kV switching plant, with one room each for regulator-transformer and net station, a garage area and a common room. The installations were decommissioned in 1975, completely dismantled and removed. On the first floor above this, there are two apartments; one has 1.5 rooms and one 2.5 rooms. The attic could be converted.
The whole of the building has rough grey plaster rendering, which has a different structure up to a height of c. 80 cm, suggesting a basement. The West side of the building, facing away from the street, was realised as the main facade. The window arrangements of both ground and upper floors are symmetrical. The entrance and stairwell to access the first floor are also on this front. The stairwell is in a central wall projection with vertical band of windows and the doorway. The hip roof – with a wide overhang and the plain crown-tile cladding typical of the area – is lit by central oval dormers at both the front and back.
The building is situated within the area of protected monuments of Alt-Blankenburg's village green; however, it is not a constituent component of the ensemble. The layout of the plot and size of the building would permit an extension of residential accommodation to the ground floor or a form of commercial usage.

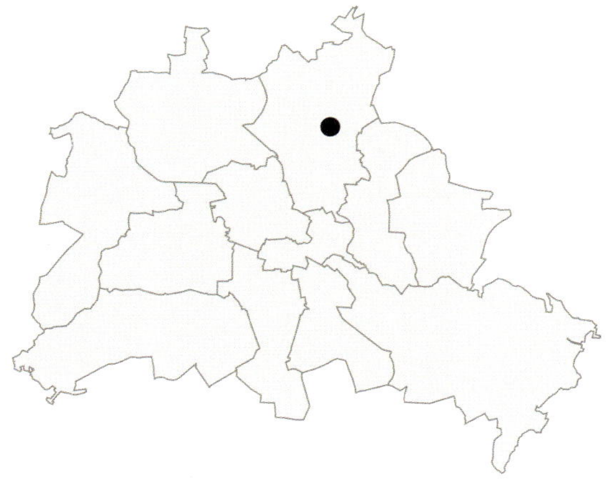

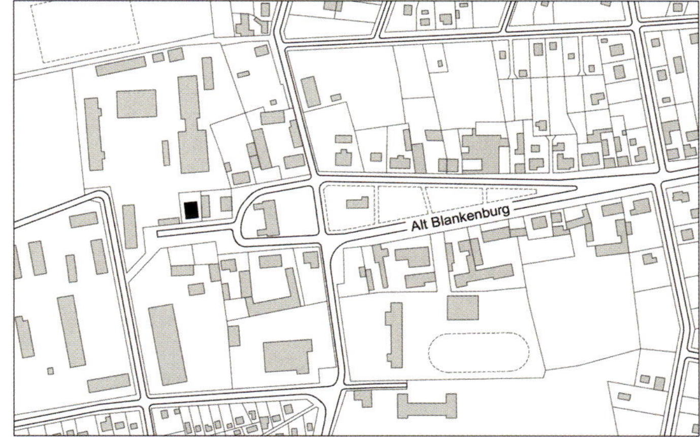

Lageplan   Plan of site   1:7500

Ansicht von Nordwesten   View from the Northwest

Ansicht von Südosten   View from the Southeast

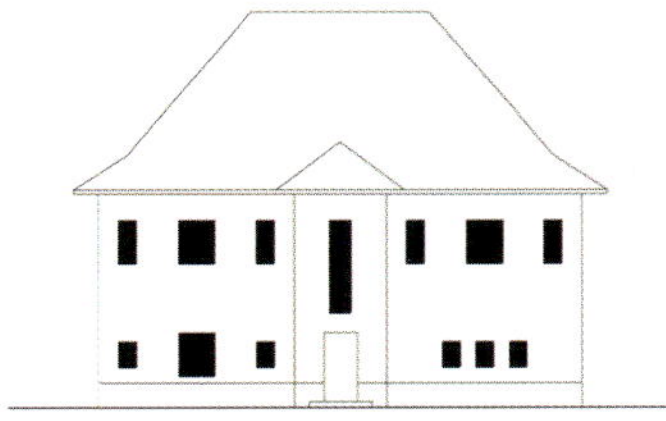
Fassade Westen   West facade   1:500

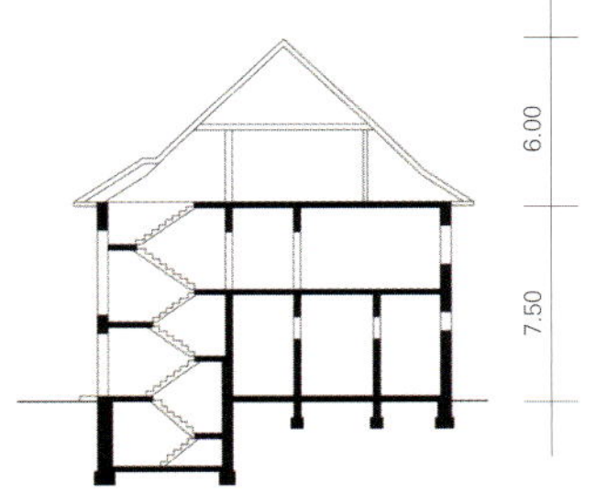

Schnitt   Section   1:500

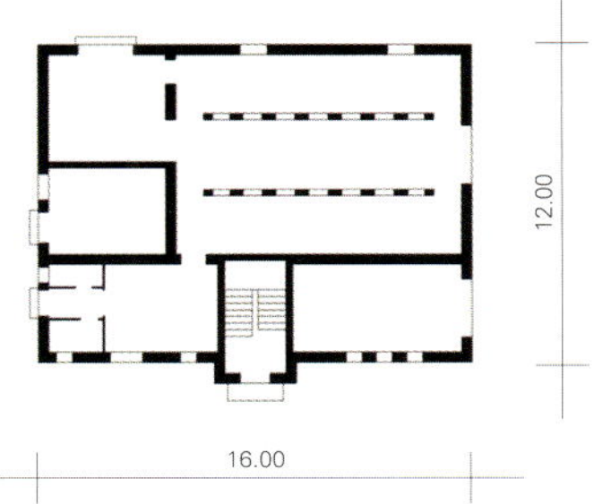

Grundriss, Ebene 1   Ground plan, level 1   1:500

Umspannwerk Lichtenrade
Transformer Station Lichtenrade
Grimmstraße 4

Standort Location Grimmstraße 4, 12305 Berlin-Lichtenrade
Grundstücksgröße Plot size 1.200 m²
Bebauungsplan Planning law B-Plan XIII-14 / Wohngebiet Housing area
Bruttogrundfläche Gross floor space 450 m² / ohne Kellerangabe without basement
Denkmalschutz Listed nein no

Das Grundstück des ehemaligen Umspannwerks Lichtenrade liegt als Eckgrundstück Grimmstraße/Neue Heimat hinter dem Lichtenrader Damm/Bundesstraße 96 in Berlin-Lichtenrade. Die Umgebung wird durch Wohnhäuser in zwei- bis dreigeschossiger offener Bauweise und Zeilenbauten bestimmt.
Bei dem Gebäude handelt es sich um ein eingeschossiges, nicht unterkellertes Kleinumspannwerk in massiver Bauweise aus dem Jahr 1951. Die Wände sind in Mauerwerk, Decken als Hohlsteindecken mit Stahlträgern, teilweise als Stahlbetondecken ausgeführt.
Eine Erweiterung des Standortes erfolgte in den 1970er Jahren zur Einrichtung einer Anlage für die Fernschaltung der öffentlichen Straßenbeleuchtung. Der Anbau wurde an der Nordseite des bestehenden Komplexes errichtet und fügt sich in die bestehende Gestaltung des Ursprungsbaus ein. Die Schaltanlagen sind seit 1988 außer Betrieb. Nach Stilllegung des Umspannwerks wurde die Trafostation mit Nebenanlagen ausgebaut.
Der rau verputzte Bau ist durch die mittig angeordneten Trafokammern axialsymmetrisch betont. Anders als in den späteren Werken sind die Transformatoren in Lichtenrade hintereinander angelegt und erzeugen dadurch einen hohen, lang gestreckten Baukörper. Der Mittelrisalit der Transformatoren überragt das Schalthaus und springt aus dessen Fassadenflucht leicht hervor. Die großen Tore wirken wie monumentale Eingänge zum Werk, die separaten Zugänge zu den Schalträumen treten in den Hintergrund. Der schlichte Bau wird durch ein schmales Gesims unter dem auskragenden Dach und die durch Gesimse und Pfosten zusammengebundenen, hoch gelegenen Fensterreihen zurückhaltend gegliedert. Mit der Stilllegung wurden die technischen Anlagen entfernt, die Leichtbauwände der ehemaligen Schaltzellen vorerst beibehalten. Die frei stehenden Wände bilden einen filigranen Kontrast zu den einfach gehaltenen Räumen, können jedoch ohne großen Aufwand ausgebaut werden.
Da sich das Gebäude mittig und frei stehend auf dem Grundstück befindet, könnte als Erweiterung eine Aufstockung in Frage kommen. Handwerksbetriebe, die die Wohnbebauung nicht beeinträchtigen, könnten die Anlage nutzen. Auch kleinteiliger Einzelhandel ist hier vorstellbar.

M.W.

The plot of the former transformer station Lichtenrade is on the corner of Grimmstraße/Neue Heimat, directly behind Lichtenrader Damm/Bundesstraße 96, in the Berlin district of Lichtenrade. The area is defined by two- to three-storey residential properties; both open building and terraces.
This building is a single-storey small transformer work without a cellar, built by massive construction method and dating from 1951. The walls are brickwork; ceilings are hollow block ceilings with steel girders, made of reinforced concrete in some parts.
The location was extended in the 1970s to establish a plant for the long-distance switching of public street lighting. The annexe was built on the northern side of the existing complex and matches the design of the original building. The switching installations have not been in operation since 1988. After the original station closed down, the small transformer station with auxiliary plant was developed.
The central arrangement of the transformer cells gives the building with rough rendering an axial symmetry. By contrast to later stations, the transformers in Lichtenrade are arranged one behind the other, thus creating a high, elongated building. The central projection of the transformers towers above the switching house and also juts out slightly from the line of the facades. The large gates seem like monumental entrances to the station; the separate entrances to the switching areas recede into the background. The simple building is divided in a restrained manner by a narrow cornice below the projecting roof and the high-set window rows, connected by ledges and posts. The technical installations were removed when the station was decommissioned; the lightweight walls of the former switching cells have been retained provisionally. The free-standing walls represent a filigree contrast to the simple rooms, but could be dismantled with no great effort.
The building is free-standing at the centre of the plot, meaning that an extension in the form of an added floor is conceivable. Small, skilled crafts enterprises having no detrimental effect on the surrounding housing could use the complex. Small-scale retail is also conceivable.

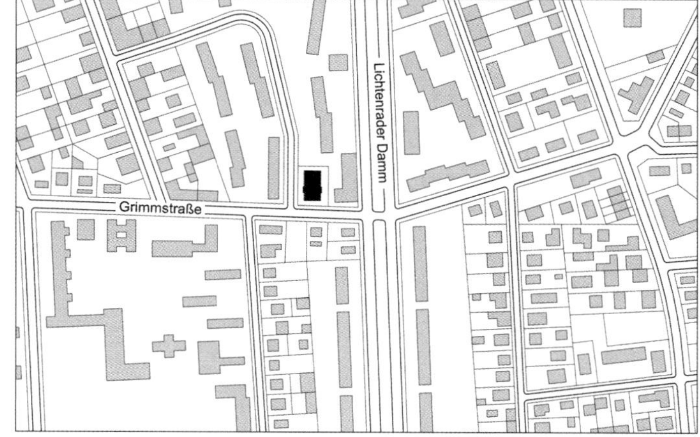

Lageplan Plan of site 1:7500

Ansicht von Südwesten View from the Southwest

Ansicht von Nordwesten View from the Northwest

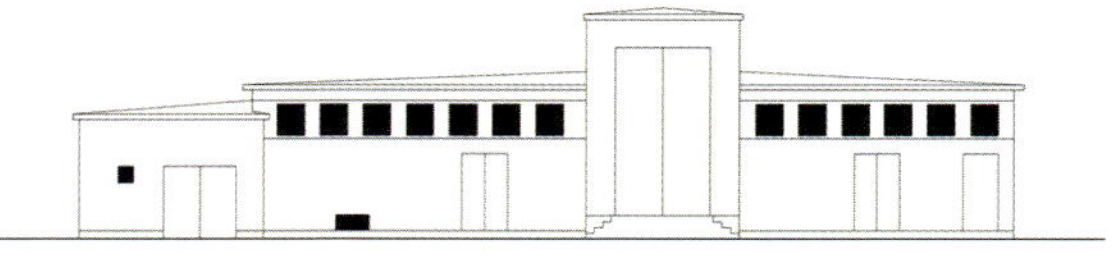

Fassade Westen West facade 1:500

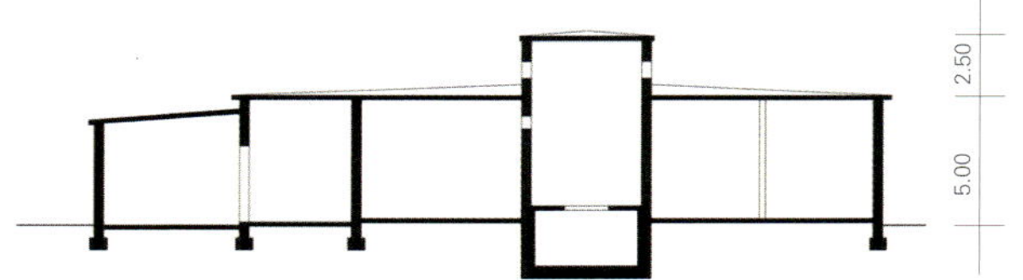

Grundriss, Ebene 1 Ground plan, level 1 1:500

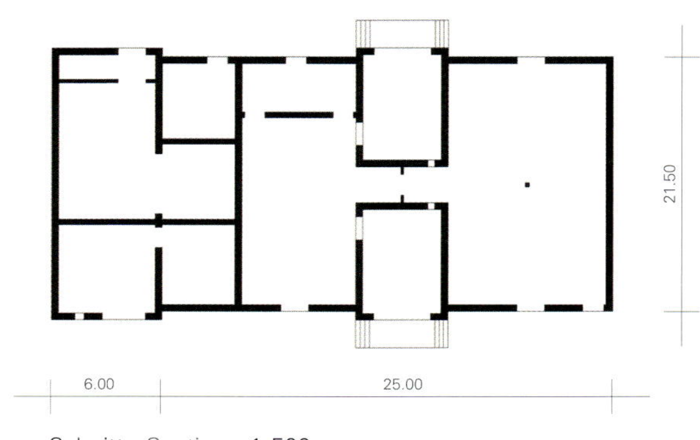

Schnitt Section 1:500

Schaltanlagen Switching installations

Ansicht von Südosten View from the Southeast

Errichtung des Umspannwerks, 1951 Construction of the transformer station, 1951

Umspannwerk Kaulsdorf – Hellersdorf
Transformer Station Kaulsdorf – Hellersdorf
Alt-Kaulsdorf 32–36

Standort **Location** Alt-Kaulsdorf 32–36, 12621 Berlin-Kaulsdorf
Grundstücksgröße **Plot size** 3.464 m²
Flächennutzungsplan **Land-use plan** gemischte Baufläche M2, §34 BauGB
Combined building area M2, §34 BauGB
Bruttogrundfläche **Gross floor space** 950 m² / ohne Kellerangabe without basement
51 m² Erweiterungsbau Extension
Denkmalschutz **Listed** nein no

Das 1951 errichtete Umspannwerk Alt-Kaulsdorf ist unmittelbar an der Berliner Ausfahrtstraße B1/B5 in einem Mischgebiet aus Wohnen und Gewerbe gelegen. Der mit Rauputz versehene Mauerwerksbau mit leicht geneigten Dächern ist in axialsymmetrischem Aufbau zur Straße ausgerichtet. Dabei wird der durch Pfeiler streng gegliederte Vorbau an den Ecken jeweils durch eine Transformatorenkammer wirkungsvoll abgeschlossen. Als Öffnungen treten nur kleinformatige Lüftungsgitter in den Blindfenstern der Transformatorenkammern in Erscheinung und auch der hinter dem Vorbau aufgehende zweigeschossige Baukörper weist lediglich drei kleinformatige Fenster zur Straße auf. Hier, im rückwärtigen Bereich der Anlage, waren ehemals Schaltanlagen und Werkstatträume untergebracht. Im Obergeschoss befinden sich drei Wohnungen, die über ein separates Treppenhaus erschlossen werden. Die Anlage erhält durch die klare und gut proportionierte Anordnung der kubischen Baukörper und die vertikale Gliederung der Fassade einen monumentalen Charakter und verleiht dem Bau an der Straße Alt-Kaulsdorf eine besondere Bedeutung.
In den 1960er Jahren wurde auf dem Grundstück ein Erweiterungsbau zur Unterbringung eines weiteren Transformators errichtet. Die Gestaltung des frei stehenden, etwa 50 m² großen Baus orientierte sich an den Vorgaben des Hauptgebäudes. Das Umspannwerk Alt-Kaulsdorf wurde 2004 stillgelegt und die technischen Anlagen entfernt.
Die Größe des Grundstücks und die Nutzflächen im bestehenden Gebäude bieten sich aufgrund der günstigen Verkehrsanbindung zur Nutzung durch Gewerbe und Einzelhandel an.

K.S.

Built in 1951, the transformer station Alt-Kaulsdorf is situated beside the Berlin exit road B1/B5 in a combined area of housing and commercial property. The brickwork building with rough plaster rendering and slightly sloping roofs is aligned towards the road and axially symmetrical. The front building – strictly divided by piers – is terminated effectively at each corner by a transformer cell. The only apparent openings are small-format ventilation grilles in the blind windows of the transformer cells, and the two-storey volume rising up behind the front building also has only three small-format windows to the road. Switching installations and workshops were formerly accommodated here, in the rear part of the complex. There are three apartments on the upper floor, accessed via a separate stairwell. The clear, well-proportioned arrangement of the cubic architectural volumes and the vertical division of the facade lend the complex a monumental character, and the building on Alt-Kaulsdorf is given particular significance.
In the 1960s, an extension was built on the plot to house an additional transformer. The design of the free-standing, c. 50 m² building was oriented on the parameters of the main building. The transformer station Alt-Kaulsdorf was decommissioned in 2004 and the technical installations were removed.
The favourable transport situation, the size of the plot, and the available areas in the existing buildings suggest use by trade and retail businesses.

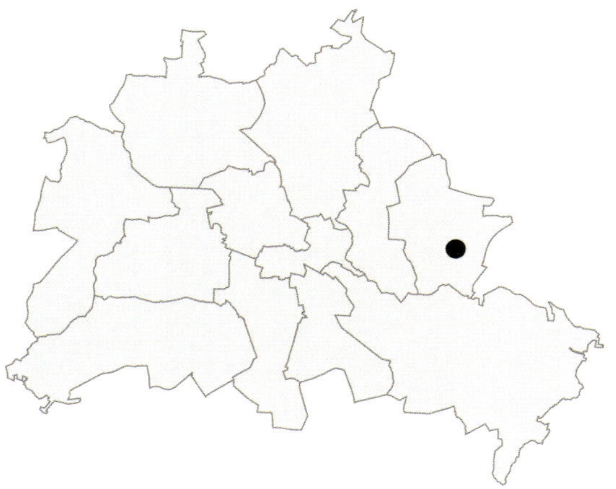

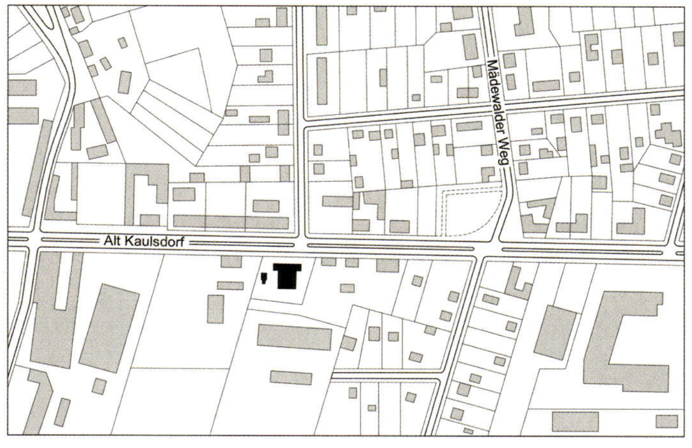

Lageplan Plan of site 1:7500

Ansicht von Nordwesten View from the Northwest

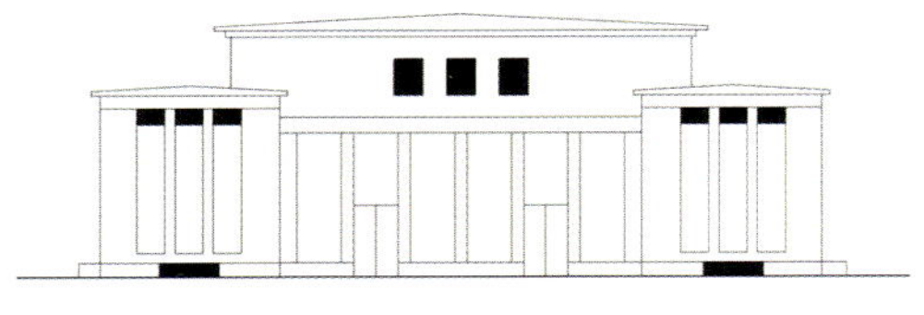

Fassade Norden North facade 1:500

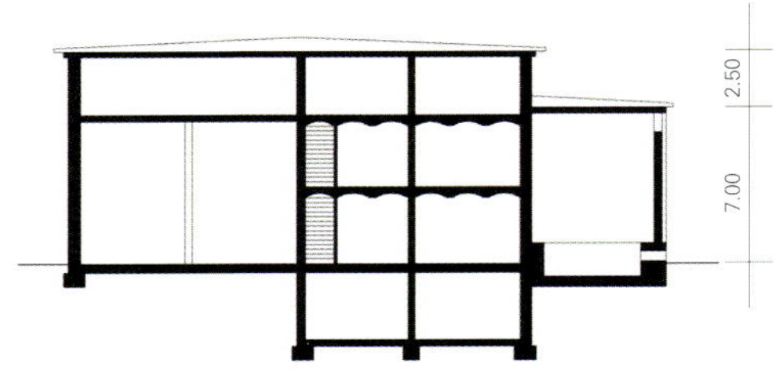

Schnitt Section 1:500

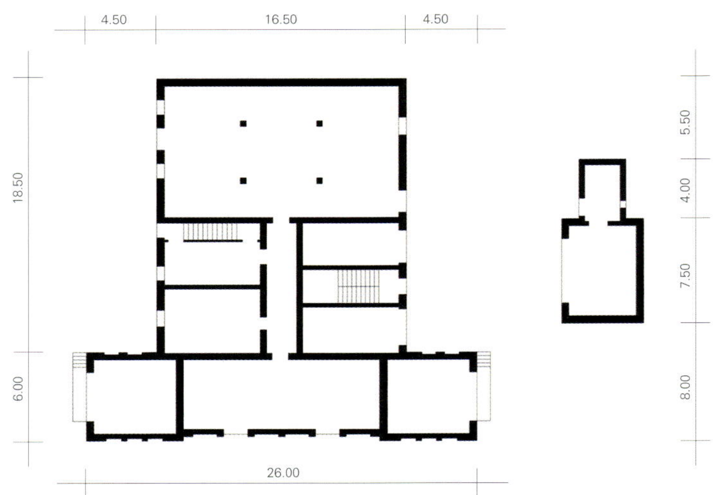

Grundriss, Ebene 1 Ground plan, level 1 1:500

Ansicht von Nordosten View from the Northeast

Transformatorenkammer   Transformer cell

Erweiterungsbau   Extension

Schaltraum, Ebene 1   switching room, level 1

Umspannwerk Idastraße – Pankow
Transformer Station Idastraße – Pankow

Idastraße 17–19

Standort Location Idastraße 17–19, 13156 Berlin-Pankow
Grundstücksgröße Plot size 2.502 m²
Flächennutzungsplan Land-use plan Wohnbaufläche W3 / GFZ bis 0,8
Housing area W3 / Plot ratio 0,8
Bruttogrundfläche Gross floor space 650 m² / ohne Kellerangabe without basement
Größe einer Ebene Size of one level 360 m²
Denkmalschutz Listed nein no

Das Grundstück des ehemaligen Umspannwerks liegt in einem ruhigen Wohnviertel des Bezirks Pankow-Niederschönhausen. Der Schlosspark Niederschönhausen ist fußläufig gut zu erreichen. Günstige Verkehrsanbindungen an den öffentlichen Nahverkehr bestehen über die nahe gelegene Hauptverkehrsstraße Blankenburger Straße. Mit Bus und Straßenbahn sind der Alexanderplatz sowie die benachbarten Ortsteile Pankow und Weißensee gut zu erreichen. Die Umgebung ist geprägt durch eine offene Bauweise aus mehrgeschossigen Wohngebäuden der Gründerzeit, teilweise villenartigen Ein- und Mehrfamilienhäusern sowie modernen vier- bis fünfgeschossigen Stadtvillen aus den 1990er Jahren.
Auf dem Grundstück befindet sich parallel zur Straße in der zweiten Reihe auf einer Fläche von 650 m² ein mehrfach veränderter, ursprünglich im Jahr 1929 erbauter elektrischer Stützpunkt, errichtet in einfacher Bauweise, eingeschossig und ohne Keller. Der letzte Anbau einer zweckgestalteten Trafobox datiert aus dem Jahr 1982.
Das 1959 parallel zur Idastraße errichtete Umspannwerk ist seit 1995 außer Betrieb, die technischen Anlagen sind überwiegend demontiert, die Leichtbauwände der ehemaligen Schaltkammern sind noch vorhanden. Das lang gestreckte Schalthaus von 36 Metern Länge und 6 Metern Höhe wird auf der Rückseite von zwei 7 Meter hohen Trafokammern überragt, deren Funktion an umlaufenden Lüftungsöffnungen und großflächigen Toröffnungen ablesbar ist. Die straßenseitige Hauptfassade des Umspannwerks weist durch das flache auskragende Dach, eine Reihe schlanker Pfeilervorlagen und bündig in die Fassade gesetzte dreigeteilte Fenster eine zeittypische Gestaltung der 1950er Jahre auf. Die Oberflächengestaltung der Außenwände mit vorgesetzten roten Spaltklinkern nimmt Bezug auf das Nachbargebäude.
Auf dem Nachbargrundstück befindet sich ein denkmalgeschütztes ehemaliges Gleichrichterwerk von Hans Heinrich Müller aus dem Jahr 1928. Das Gebäude wurde von einem Steinmetz für Wohn- und Gewerbenutzung ausgebaut.
Die Umnutzung für Wohnzwecke mit gewerblich-künstlerischer Ausrichtung, ähnlich der Nutzung im benachbarten Gleichrichterwerk, ist hier interessant. Im hinteren Grundstücksteil ist nach Rückbau des Stützpunktes die Errichtung zweier Stadtvillen mit ansprechenden Außenräumen, Terrassen und Grünflächen vorstellbar.

K.S.

The plot of the small transformer station is located in a quiet residential area in the district of Pankow-Niederschönhausen. The palace gardens of Niederschönhausen are a short walk away. There is convenient transport access via the nearby main road, Blankenburger Straße. Bus and tram routes connect the location to the centre of Berlin at Alexanderplatz and the neighbouring districts of Pankow and Weißensee. The area is characterised by open building comprising several-storey residential properties dating from the Gründerzeit. There are also some villa-like properties for one or more families and modern four- to five-storey urban villas dating from the 1990s.
In the second row of the plot – parallel to the road – there is an electrical base station with an area of 650 m², originally built in 1929 and converted several time since. It is a simple construction with a single storey and no cellar; the most recent addition of a purpose-designed transformer box dates from 1982.
Built parallel to Idastraße in 1959, the transformer station has been decommissioned since 1995, and most of the technical installations have been dismantled, although the lightweight walls of the former switching chambers are still standing. At the back, two transformer cells with a height of 7 m tower above the long, elongated switching house, which is 36 m long and 6 m high; their function can be discerned from the ventilation openings all the way around and large-format gateways. The main street facade of the transformer station is typical of 1950s design with its flat overhanging roof, slender mounted piers and three-part windows flush to the facade. The surface of the external walls – clad with red split tiles – is a reference to the neighbouring building.
On the neighbouring plot there is a listed former rectifier station designed by Hans Heinrich Müller dating from 1928. A stonemason has converted the building for use as a residential and commercial property.
An interesting re-use of the transformer station could be conversion into a residential property, perhaps with a commercial-creative orientation similar to the neighbouring rectifier station. After demolition of the base station on the rear part of the plot, it would be possible to construct two urban villas with pleasant exteriors, terraces and gardens.

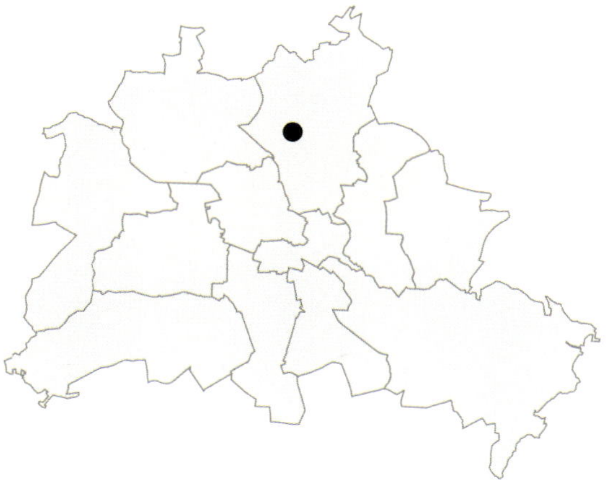

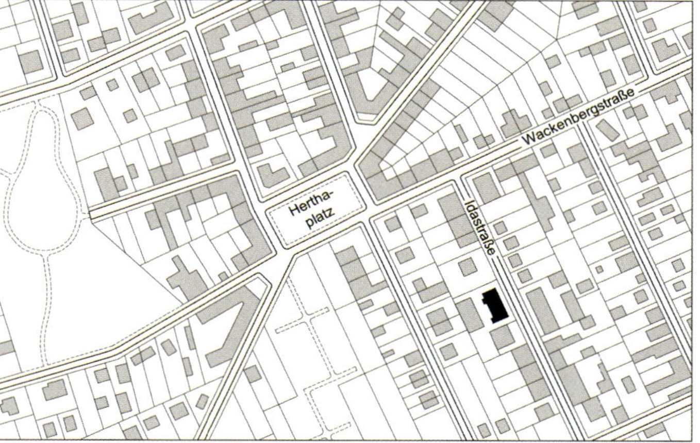

Lageplan   Plan of site   1:7500

Ansicht von Osten   View from the East

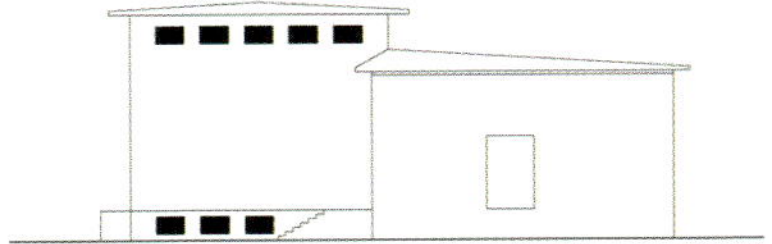

Fassade Nordwesten Northwest facade 1:500

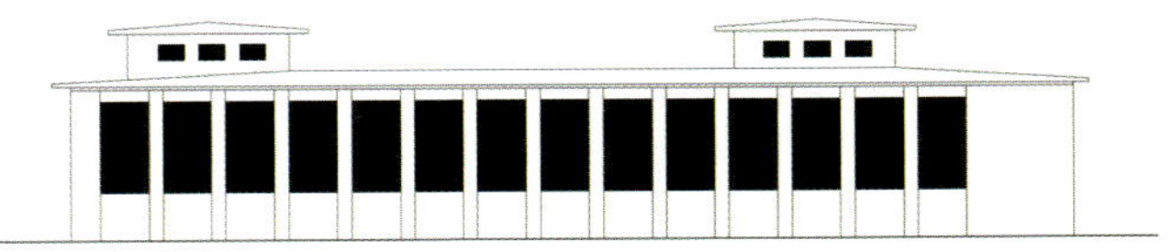

Fassade Nordosten Northeast facade 1:500

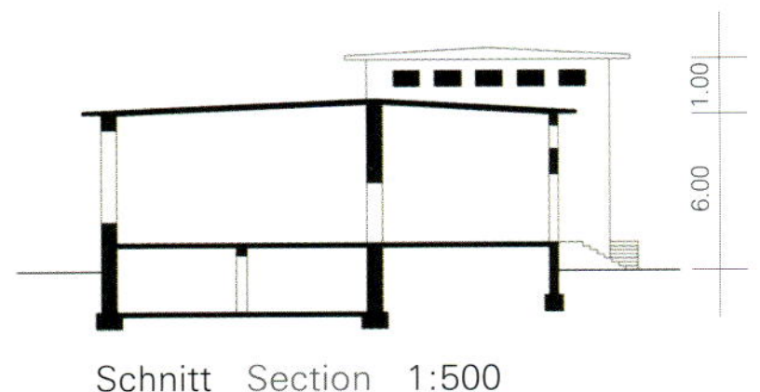

Schnitt Section 1:500

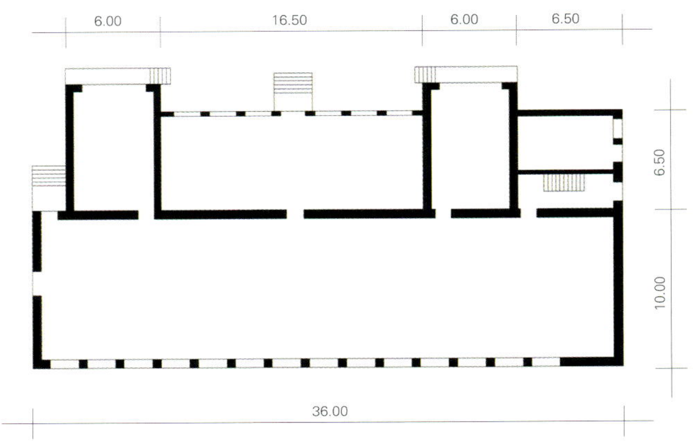

Grundriss, Ebene 1 Ground plan, level 1 1:500

Schaltanlagen Switching installations

Transformatorenkammer   Transformator cell

Ansicht von Südosten   View from the Southeast

Ansicht von Süden   View from the South

Umspannwerk Südost – Rudow
Transformer Station Südost – Rudow
Selgenauer Weg 1A

Standort Location Selgenauer Weg 1A, 12355 Berlin-Rudow
Grundstücksgröße Plot size 2.150 m²
Flächennutzungsplan Land-use plan Wohnbaufläche W3 / GFZ bis 0,8
Housing area W3 / Plot ratio 0,8
Bruttogrundfläche Gross floor space 393 m²
Denkmalschutz Listed nein no

Das ehemalige Umspannwerk Südost wurde 1966 durch die Bauabteilung der Bewag errichtet. Es befindet sich auf einem dreieckig geschnittenen Grundstück, das rückseitig an eine Friedhofsanlage angrenzt und von Osten durch die Kleingartenkolonie „Rudower Schweiz" begrenzt wird. Auf der gegenüberliegenden Straßenseite des Selgenauer Wegs befindet sich eine siebengeschossige ausgedehnte Wohnanlage, zu deren Versorgung das Umspannwerk Südost bis zur Stilllegung 1986 diente.

In unmittelbarer Nähe des Dorfkerns von Alt-Rudow gelegen, ist das ruhige Grundstück fußläufig über die Haltestelle Rudow (U7) gut an das Berliner U-Bahn-Netz angebunden. Busverbindungen in die angrenzenden Gemeinden Altglienicke, Gropiusstadt und Britz verlaufen sternförmig vom Dorfkern ausgehend.

Das gleichfalls bescheidene wie elegante Abspannwerk Südost ist entsprechend der funktionalen Anforderungen in zwei Baumassen gegliedert. In einem flach liegenden Volumen befanden sich die Schaltanlagen und Sozialräume des Werks, während die zwei Trafos in einem turmartigen Kopfbau untergebracht wurden, der, leicht versetzt, an den Flachbau anschließt. Die räumliche Trennung der darin befindlichen Transformatoren wird durch eine Unterbrechung des Lamellenbandes unterhalb des Kragdaches noch einmal abgebildet. Eine auf funktionale Anforderungen ausgerichtete innenräumliche Verbindung der beiden Volumen ist in der Außenabwicklung nicht zu erkennen.

Die flächige Wirkung der zeittypischen Rauputzfassade wird lediglich durch die vertikalen Einschnitte der Türen und die großflächigen Trafotore unterbrochen. Alle gliedernden Elemente sind auf die Betonung der Horizontalen ausgerichtet, ein schlanker, zurückgesetzter Sockel lässt die Putzflächen als Scheiben über dem Bodenniveau schweben. Verstärkt wird dieser Eindruck durch ein umlaufendes Friesband unterhalb der weit auskragenden Dachkante, in das Reihen von Fenstern und lamellenverkleidete Lüftungsöffnungen eingesetzt sind. Die Bedachung ist mit sehr geringer Neigung zu den Traufen ausgebildet. Lediglich die schmale Horizontallinie der Regenrinne ist sichtbar und verstärkt auf diese Weise die Wirkung der eleganten Dachauskragung.

Im gesamten Ausdruck, in der Komposition der einfachen Volumen, der Materialwahl und Fassadengliederung zeigt sich das Umspannwerk Südwest als selbstbewusster Vertreter eines einfachen und qualitätvollen Werksbaus der 1960er Jahre.

Durch das Einführen weiterer Ebenen in das Trafogebäude und das Aufsetzen eines zweiten Geschosses auf den eingeschossigen Baukörper lässt sich unter Beibehaltung der Grundstruktur der Anlage eine Umnutzung realisieren, die für Wohnen und Büronutzung besonders geeignet ist und nur geringfügige Eingriffe nötig macht.

A.D.

The former small transformer station "South East" was built by the building department of Bewag in 1966. The transformer station is situated on a triangular plot that borders on a cemetery at the rear and the allotment-garden colony "Rudower Schweiz" in the East. On the opposite side of Selgenauer Weg there is an extensive seven-storey residential complex; until its closure in 1986, the function of the transformer station South East was to supply this area.

Located in the immediate vicinity of the village centre Alt-Rudow, the quiet plot has an excellent connection to the Berlin underground network; the station Rudow (U7) is walking distance away. Bus routes to the neighbouring parishes of Altglienicke, Gropiusstadt and Britz radiate in a stellar pattern from the village centre.

Divided into two architectural volumes according to functional demands, the transformer station South East is both modest and elegant. The switching installations and social rooms of the station were accommodated in a low-lying volume, while the two transformers were housed in a tower-like head building. This is attached to the low building, offset at a slight angle. The spatial division between the transformers within this building is reflected by an interruption of the lamella band below the overhanging roof. An internal link between the two volumes, oriented on functional requirements, is not discernible in their external realisation.

The two-dimensional impression of the rough plaster facade typical of the period is interrupted only by the vertical recesses of the doors and large-format transformer gates. All the dividing elements aim for an accentuation of the horizontals; a slender, recessed plinth makes the rendered areas appear to float as panels above ground level. This impression is consolidated by an encircling ribbon frieze below the overhanging roof edge; the rows of windows and slatted ventilation openings are inserted into this. The roof is flat with a very slight slope to the eaves. Only the narrow horizontal line of the guttering is visible, thus underlining the impact of the elegant roof overhang.

The overall impression, the composition of simple volumes, the complex's positioning on the plot, the choice of materials, and the division of the facade make the transformer station South East into a confident representative of simple, high-quality industrial building dating from the 1960s.

A re-use that retains the basic structure of the complex is conceivable, if further levels are introduced in the transformer building and a second floor is added to the single-storey volume. The former transformer station is especially suitable for conversion as housing and offices; their development would only call for minor additional interventions.

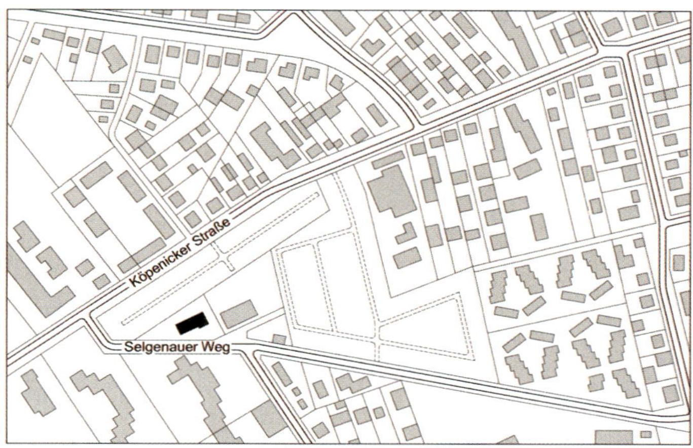

Lageplan Plan of site 1:7500

Ansicht von Osten View from the East

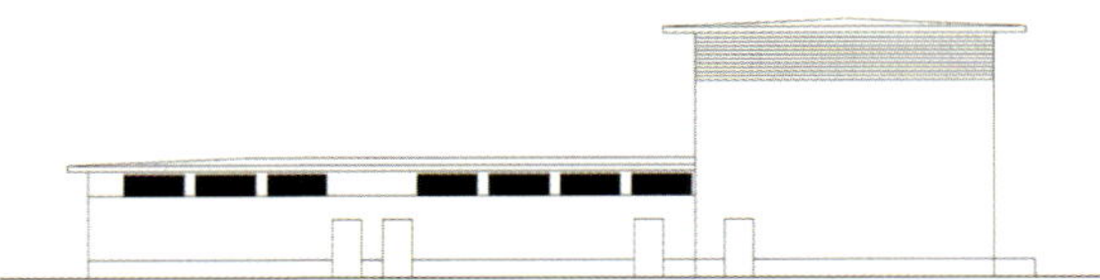
Fassade Südosten Southeast facade 1:500

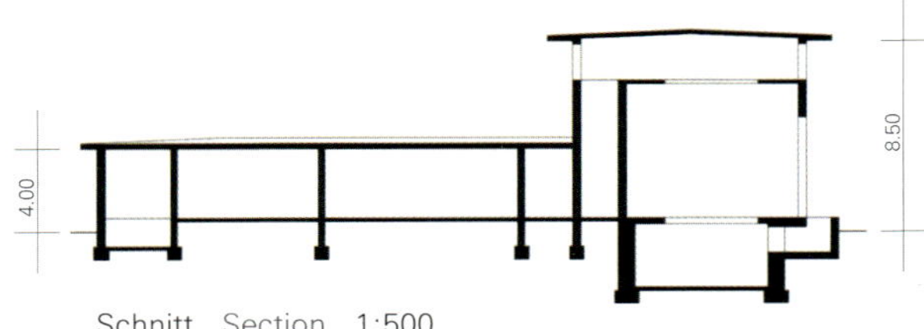

Schnitt Section 1:500

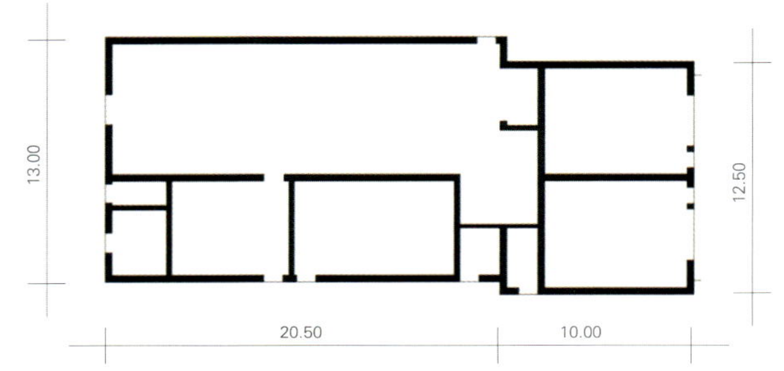

Grundriss, Ebene 1 Ground plan, level 1 1:500

Schalthaus und Transformatorenkammer
Switching house and transformer cell

Ansicht von Westen View from the West

Ansicht von Norden View from the North

Dokumentation als Marketinginstrument
Documentation as an Instrument of Marketing

Hans Achim Grube, Vattenfall Europe Berlin AG & Co. KG
Andreas Dierkes, Vattenfall Europe Berlin AG & Co. KG

Wie kaum ein anderes Unternehmen hat Vattenfall in den vergangenen Jahren seine Erfahrungen in der Umnutzung und der Weiterentwicklung seiner historischen Bauten in Publikationen der Öffentlichkeit zugänglich gemacht. Der hier vorliegende Band schlägt den Bogen zurück zur ersten Publikation *Elektropolis Berlin* aus dem Jahr 2000 und kann in Aufbau und Inhalt als zweiter Band der Elektropolis-Berlin-Reihe begriffen werden. Wurden in der ersten Publikation die bemerkenswerten Bauten Hans Heinrich Müllers vorgestellt, werden in *New Power – Elektropolis im Wandel* kleinere, zum großen Teil nicht denkmalgeschützte und in ihrer Entstehungszeit und Typologie sehr unterschiedliche Gebäude präsentiert.

Die nebenstehende Zusammenstellung der Buchcover erfolgt in der Reihenfolge ihrer Erscheinung. Alle Publikationen sind reflektierend und ergänzend eingebunden in die Denkmalstrategie von Vattenfall Europe Berlin. Sie lassen sich entlang der Parameter „Erkennen–Erfassen–Erhalten–Erleben–Entwickeln–Erwirtschaften" als Eckpunkte der strategischen Vorgehensweise begreifen.

Nach dem Erkennen und Erfassen des erheblichen Potentials der Bauten Hans Heinrich Müllers und ihrer Aufarbeitung in *Elektropolis Berlin* wurden in Zusammenarbeit mit der Technischen Fachhochschule Berlin mögliche Nutzungsoptionen für ausgewählte Standorte erarbeitet und in der Publikation *Elektropolis – Chancen & Visionen* veröffentlicht. In der Folge intensivierte Vattenfall die Zusammenarbeit mit Hochschulen und Universitäten und stiftete in einem internationalen Wettbewerb den Hans-Heinrich-Müller-Preis für die Entwicklung von Nutzungsszenarien für die nicht mehr betriebsnotwendigen Werke. In den Dokumentationen *Konversion*, *Perspektiven junger Architektur*, *Kraft und Energie* sowie *NachNutzung* wurden die Ergebnisse der jährlich ausgelobten Wettbewerbe festgeschrieben, gewürdigt und bekannt gemacht. Das Öffnen der Perspektive durch den unverstellten Blick junger Architekturstudenten ermöglichte hierbei einerseits eine sehr kreative und breite Beschau durch die jungen Planer, machte das Portfolio Vattenfalls gerade in dieser Generation bekannt und schaffte durch das Mittel der Publikation den Zugang zur breiten Öffentlichkeit.

Die reine Denkmalbetrachtung *Kraftwerke in Berlin* zu den historischen Kraftwerksanlagen war ein weiterer Baustein der eigenen Analyse des Portfolios. Dieser Band ist Grundlage für die strategische Abstimmung mit den Denkmalbehörden sowie Basis für Auswahl und Durchführung der Studentenwettbewerbe, die sich auf die Kraftwerksstandorte beziehen.

Eine wissenschaftliche Aufarbeitung des Immobilienkonzeptes der Vattenfall Europe Berlin wurde durch den Leiter der Immobilienabteilung Dr. Hans Achim Grube mit dem Band *Renaissance der E-Werke* vorgelegt. Als Analyse und Reflexion der eigenen Arbeit bietet die Veröffentlichung die Möglichkeit, erarbeitete Strategien über die wissenschaftliche Arbeit hinaus zu diskutieren – einerseits wiederum zur eigenen Standortbestimmung und Weiterentwicklung durch kritische Betrachtung, andererseits,

Very few other companies can match the way that Vattenfall has publicised its recent experiences with the re-use and further development of the company's historical buildings in relevant publications. The present volume refers back to the first publication, *Electropolis Berlin* from the year 2000, and its layout and content mean that it may be regarded as a second volume of the Electropolis Berlin series. While the remarkable buildings by Hans Heinrich Müller were introduced in that first publication, *New Power – Transforming the Electropolis* presents smaller buildings, most of which are not listed. They also differ considerably with respect to their dates of origin and their typology.

The adjoining selection of book covers is arranged in the order of publication. All the publications are integrated into the strategy for the handling of listed buildings adopted by Vattenfall Europe Berlin, reflecting on and supplementing this approach. They may be understood as benchmarks in the company strategy, moving along the parameters "Recognising–Registering–Preserving–Experiencing–Developing–Earning".

After recognition and registration of the considerable potentials of buildings by Hans Heinrich Müller and their evaluation in *Electropolis Berlin*, possible options for the use of selected locations were conceived in collaboration with Berlin's University of Applied Sciences and published in the book *Electropolis – Chances & Visions*. Subsequently, Vattenfall intensified its cooperation with colleges and universities and endowed the Hans Heinrich Müller Award in the context of an international competition to develop scenarios of use for works no longer required for operations. In the documentary works *Conversion*, *Emerging Young Architecture*, *Power and Energy* and *ReUse*, the outcome of the annually launched competitions was laid out; solutions were commended and made public. Opening up new perspectives through the uninhibited viewpoint of young students of architecture enabled an extremely creative, broad scrutiny by the young planners, made Vattenfall's portfolio known to this generation in particular, and – by means of publication – to a wider public.

Concentrating purely on listed buildings, *Power Stations in Berlin* examined the company's historical power stations and represents a further component in Vattenfall's own analysis of its portfolio. This volume offers the foundation for strategic agreements with the authorities for the protection of monuments, as well as being a basis for the selection and realisation of the student competitions referring to power station locations.

A scholarly analysis of the property concept of Vattenfall Europe Berlin was presented by the director of the property department, Dr. Hans Achim Grube, in the volume *Renaissance der E-Werke ("Renaissance of the Power Stations")*. As an analysis and reflection of Vattenfall's own work, the publication offers the possibility to discuss evolved strategies above and beyond the scholarly assignment – on the one hand, to redefine the company's own standpoint and further development through critical consideration, on the other hand, in order to pass on to others its complex experience in handling industrial architecture.

Bewag (Hg./Ed.)
Elektropolis Berlin.
Historische Bauten der Stromverteilung
Berlin 2000

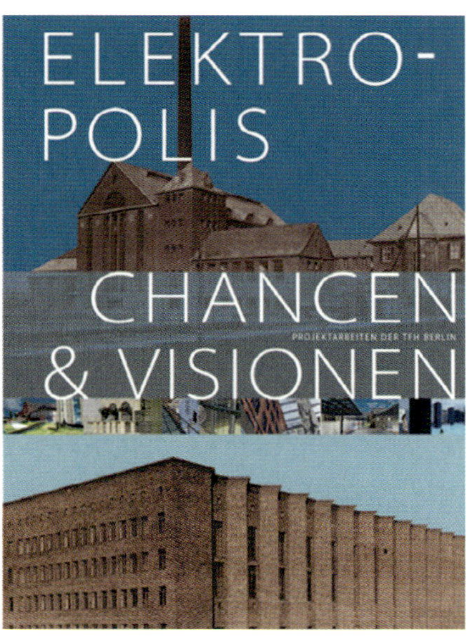

Bewag (Hg./Ed.)
Elektropolis. Chancen & Visionen.
Projektarbeiten der TFH Berlin
Berlin 2002

Bewag (Hg./Ed.)
Konversion. Kraftwerk Charlottenburg.
Ideenwettbewerb 2002/03
Berlin 2003

Bewag (Hg./Ed.)
Kraftwerke in Berlin
Das Erbe der Elektropolis
Berlin 2003

Hans Achim Grube
Renaissance der E-Werke
Industriearchitektur im Wandel
Berlin 2003

Bewag (Hg./Ed.)
Perspektiven junger Architektur
Hans-Heinrich-Müller-Preis 2004
Berlin 2004

Hans Achim Grube (Hg./Ed.)
Kraft und Energie
Hans-Heinrich-Müller-Preis 2005
Berlin 2005

Hans Achim Grube (Hg./Ed.)
NachNutzung
Hans-Heinrich-Müller-Preis 2006
Berlin 2006

Werkbund (Hg./Ed.)
Dudler Kahlfeldt Kleihues
Vattenfall-Projekte für Berlin
Berlin 2007

Hans Achim Grube (Hg./Ed.)
New Power. Elektropolis im Wandel
Berlin 2007

um die komplexen Erfahrungen auf dem Gebiet des Umgangs mit Industriearchitektur weiter zu geben.
Neben der theoretischen und konzeptionellen Arbeit führt dies auch zu konkreten Planungen und Umsetzungen, wie im zuletzt zur Werkbund-Ausstellung *Vattenfall–Projekte für Berlin* erschienenen Band mit Beiträgen der Architekten Max Dudler, Petra und Paul Kahlfeldt und Jan Kleihues. Hier werden sowohl Wettbewerbsergebnisse zu Umnutzungen an Vattenfall-Standorten, bereits erfolgte Umbauten und Planungen sowie Umsetzungen auf vormals nicht bebauten Vattenfall-Grundstücken präsentiert.
Alle Veröffentlichungen spiegeln als Kommunikationsmittel die enge Verzahnung zwischen dem Denkmalmanagement auf Seiten des Eigentümers und der Denkmalpflege sowie zukünftigen Bauherren und der interessierten Öffentlichkeit. Hier erfolgt nochmals der Hinweis auf die parallel betriebene Zwischennutzung von Objekten, die ebenfalls als Kommunikationsmittel mit der Öffentlichkeit betrachtet wird, wie bereits in dem Artikel „Zwischennutzung als Marketinginstrument" beschrieben wurde.
In der Gesamtbetrachtung geht die Veröffentlichungsreihe weit über die Darstellung der Gebäude und ihrer Architekten hinaus. Sie beschreibt zum einen die Arbeit der Immobilienabteilung in der wertschöpfenden Entwicklung des historischen Erbes durch die Erarbeitung von wirtschaftlichen und denkmalgerechten Nachnutzungskonzepten für nicht mehr betriebsnotwendige Bauten. Zum anderen thematisiert sie die Erforschung des Gebäudebestandes, die Werterhaltung durch kontinuierliche Pflege und die Zusammenarbeit mit dem Landesdenkmalamt Berlin sowie mit Universitäten und Architekten in der Entwicklung von Umnutzungskonzeptionen. Auf diese Weise wurde mit der Wertsteigerung der Bestandsimmobilien gleichzeitig ein wichtiger Beitrag zum Erhalt der denkmalgeschützten Substanz geleistet.

Besides theoretical and conceptual work on the locations, this also leads to concrete plans and their realisation, as most recently presented in the volume that appeared for the Werkbund exhibition *Vattenfall–Projects for Berlin*, with contributions by the architects Max Dudler, Petra and Paul Kahlfeldt and Jan Kleihues. Here, the results of competitions concerning the re-use of Vattenfall locations and already realised conversions and plans are presented, as well as projects realised on Vattenfall plots in Berlin that were previously empty of buildings.
As means of communication, all the publications reflect the interlocking between the management of monuments on the part of the owner and of the authorities for the protection of monuments, as well as future building clients and an interested public. Once again, may attention be drawn to the parallel, interim use of objects, which is also viewed as a means of communication with the public, and has already been described in the article "Interim Use as a Marketing Factor".
Viewed as a whole, the series of publications represents much more than a mere portrayal of the buildings and their architects. On the one hand, it describes the work of Vattenfall's property department to increase the value of its historical heritage by developing profitable and suitable re-use concepts for listed buildings no longer required for operations. On the other hand, it examines academic research into existing buildings, the preservation of their value by means of continual maintenance, and cooperation with the Berlin State Office for the Protection of Monuments and with universities and architects in the development of concepts for re-use. In this way, while increasing the value of existing properties, an important contribution has also been made to the preservation of listed architecture.

Umspannwerk Wittenau, Ansicht vom Hof
Transformer Station Wittenau, view of courtyard

Autoren
Authors

Kornelia August, Jahrgang 1959; Ausbildung zur Bauzeichnerin und Ingenieurstudium Fachrichtung Hochbau an der Ingenieurschule für Bauwesen in Neustrelitz. Seit 1980 in der Bauabteilung Energiekombinat Berlin, später im Fachbereich Immobilienplanung Vattenfall Europe Berlin (Bewag) tätig.

Bettina Brammer, Jahrgang 1966; Studium der Rechtswissenschaften. Rechtsanwältin, seit 1996 Justiziarin in der Rechtsabteilung Vattenfall Europe Berlin (Bewag). Seit 2003 Leiterin Privatrecht bei Vattenfall Europe Berlin.

Thorsten Dame, Jahrgang 1968; Studium der Architektur und Denkmalpflege, seit 2002 in Berlin selbständig als Architekt, Gründung des Büros Laufwerk B. Seit 2003 Lehrtätigkeit an der Universität der Künste Berlin und der Technischen Universität Berlin, dort Dozent für Industriedenkmalpflege und Städtebauliche Denkmalpflege. Seit 2005 Mitglied im Center for Metropolitan Studies an der Technischen Universität Berlin, Visiting Scholar an der Columbia University und Stipendiat der Deutschen Forschungsgemeinschaft (DFG).

Andreas Dierkes, Jahrgang 1969; Ausbildung zum Bauzeichner und Studium der Architektur an der Technischen Universität Berlin; 1996–1999 Mitarbeiter im Büro von Gerkan, Marg und Partner. Ab 2001 tätig als Architekt; 2003–2004 Projektleiter im Büro Kahlfeldt Architekten. Seit 2004 bei Vattenfall Europe Berlin (Bewag) im Bereich Immobilien; 2007 Leiter des Fachgebietes Immobilienverwaltung bei Vattenfall Europe Berlin.

Hans Achim Grube, Jahrgang 1966; 1986–1993 Studium der Architektur an der Technischen Universität Berlin sowie in Darmstadt und Florenz; 1993/1994 Projektleiter im Büro Max Dudler; 1994–1996 Referent für Hauptstadtplanung im Bundesbauministerium; 1996–2006 Bereichsleiter Immobilien und Facility Management bei Vattenfall Europe Berlin AG & Co. KG (bis 2005 Bewag AG & Co. KG), zusätzlich Leiter Immobilien bei Vattenfall Europe AG; 2002 Promotion zum Dr.-Ing.; seit 2006 Geschäftsführer Vattenfall Europe Immobilienmanagement GmbH; ab Oktober 2007 Geschäftsführer der Vattenfall Europe Tochtergesellschaften VSG, GMB, Terek und FaMa; Dozent für Immobilienmanagement und Denkmalpflege u. a. an der TU Berlin; Autor zahlreicher Publikationen zur „Revitalisierung der E-Werke".

Ingeborg Junge-Reyer, Jahrgang 1946; Studium der Germanistik und Geografie, anschließend Studium an der Verwaltungsakademie in Berlin. Seit 1977 im Bezirksamt Berlin-Kreuzberg tätig, ab 1989 dort Bezirksstadträtin für die Ressorts Soziales, Gesundheit, Finanzen. 1999 Stellvertretende Bezirksbürgermeisterin von Berlin-Kreuzberg, im selben Jahr Staatssekretärin in der Senatsverwaltung für Arbeit, Soziales und Frauen. 2002 Staatssekretärin in der Senatsverwaltung für Stadtentwicklung, 2004 Wahl zur Senatorin für Stadtentwicklung. Seit 2006 Bürgermeisterin und Senatorin für Stadtentwicklung.

Kornelia August was born in 1959; trained as an architectural draftswoman and studied engineering – specialising in structural engineering – at the Technical School of Civil Engineering in Neustrelitz. As from 1980, work in the building department of the State Energy Combine Berlin, later in the property planning department at Vattenfall Europe Berlin (Bewag).

Bettina Brammer was born in 1966; studied law. Qualified as a solicitor; as from 1996, legal advisor in the law department at Vattenfall Europe Berlin (Bewag). Since 2003, director of civil law at Vattenfall Europe Berlin.

Thorsten Dame was born in 1968; studied architecture and the protection of historical monuments. Since 2002, freelance work as an architect in Berlin; foundation of the office Laufwerk B. Since 2003, lecturer in the protection of industrial monuments and conservation of urban monuments at Berlin University of the Arts and Technical University Berlin. Since 2005, member of the Center for Metropolitan Studies at the Technical University Berlin, visiting scholar at Columbia University and fellow of the German Research Foundation (DFG).

Andreas Dierkes was born in 1969; trained as an architectural draftsman and studied architecture at the Technical University Berlin; 1996–1999, employed by the offices of Gerkan, Marg and Partners. From 2001, work as an architect; 2003–2004, project director in the office Kahlfeldt Architects. Since 2004, work in the property department at Vattenfall Europe Berlin (Bewag); 2007, head of the property management department at Vattenfall Europe Berlin.

Hans Achim Grube was born in 1966; studied architecture at the Technical University Berlin and in Darmstadt and Florence from 1986–1993; project director in the offices of Max Dudler in 1993/1994; commissioner of capital-city planning in the Federal Ministry of Building from 1994–1996; from 1996–2006, departmental head of property and facility management at Vattenfall Europe Berlin AG & Co. KG (until 2005, Bewag AG & Co. KG); in addition, head of property at Vattenfall Europe AG; qualification as Dr.-Ing. in 2002. Since 2006, managing director of Vattenfall Europe Immobilienmanagement GmbH; from October 2007, managing director of the Vattenfall Europe subsidiary companies VSG, GMB, Terek and FaMa; lecturer in property management and the protection of monuments e.g. at the TU Berlin; author of numerous publications on the "Revitalisation of E-Works".

Ingeborg Junge-Reyer was born in 1946; studied German and geography, and subsequently at the Academy of Administration in Berlin. Worked at the municipal offices of Berlin-Kreuzberg from 1977; borough councillor responsible for the departments of social affairs, health and finance as from 1989. 1999, deputy mayor of Berlin-Kreuzberg; in the same year, State Secretary in the Senate Administration for Labour, Social Affairs and Women.

Hans-Jürgen Meyer, Jahrgang 1957; Studium der Rechtswissenschaften und Promotion, anschließendes Master-of-Law-Studium an der Harvard Law School. 1986 Richter am Verwaltungsgericht Berlin, 1991 Wechsel zur Treuhandanstalt/BvS, dort ab 1993 Direktor für Privatisierung, Sanierung und Vertragsmanagement. 2000 Leiter des Centers Betriebswirtschaft der Bewag AG. 2002 Leiter des Bereichs Controlling und Finanzen der Vattenfall Europe AG, seit 2005 Finanzvorstand der Vattenfall Europe AG.

Martina Neumann, Jahrgang 1956; Studium des Bauingenieurwesens. Seit 1979 in der Energiewirtschaft tätig. 1981–1984 Bauleitung Kernkraftwerk Lubmin, seit 1985 Immobilienverwaltung Energiekombinat Berlin; seit 1998 als Leitende Angestellte der Vattenfall Europe Berlin (Bewag) für Immobilienvermarktung und Immobilienservice verantwortlich.

Kerstin Szpitalny, Jahrgang 1962; Ausbildung zur Bauzeichnerin und Ingenieurstudium Fachrichtung Hochbau an der Ingenieurschule für Bauwesen Berlin. Seit 1984 in der Bauabteilung Energiekombinat Berlin, später im Fachbereich Immobilienplanung Vattenfall Europe Berlin (Bewag) tätig.

Marcela Walach, Jahrgang 1951; 1969–1974 Studium Hoch- und Tiefbau an der Technischen Universität in Zilina (Slowakei). Seit 1984 als Projektierungsingenieurin in der Bauabteilung der Bewag und später im Fachbereich Immobilienplanung Vattenfall Europe Berlin tätig.

Gisa Wittig-Jensch, Jahrgang 1961; Studium der Rechtswissenschaften und Referendariat in Berlin. Seit 1996 bei Vattenfall Europe Berlin (Bewag), seit 1998 im Bereich Immobilien, Leiterin des Fachgebietes Immobilienplanung bei Vattenfall Europe Berlin.

2002, State Secretary in the Senate Administration for Urban Development; 2004, elected Senator for Urban Development. Mayor and Senator for Urban Development since 2006.

Hans-Jürgen Meyer was born in 1957; studied law and completed his doctorate, followed by a Master of Law course at Harvard Law School. As from 1986, judge attached to the administrative court in Berlin; 1991, move to the Trust Agency/BvS, where – as from 1993 – he was director of privatisation, restoration and contract management. 2000, director of the Managerial Economics Centre of Bewag AG. 2002, director of controlling and finance at Vattenfall Europe AG; since 2005, financial executive of Vattenfall Europe AG.

Martina Neumann was born in 1956; studied construction engineering. Has worked in the energy industry since 1979. 1981–1984, construction director of Lubmin atomic power station; as from 1985, work in property management at the State Energy Combine Berlin; since 1998, member of the executive staff of Vattenfall Europe Berlin (Bewag), responsible for property marketing and services.

Kerstin Szpitalny was born in 1962; trained as an architectural draftswoman and studied engineering – specialising in construction engineering – at the Technical School of Civil Engineering in Berlin. As from 1984, she worked in the construction department of the State Energy Combine Berlin, later in the property planning department at Vattenfall Europe Berlin (Bewag).

Marcela Walach was born in 1951; studied structural and civil engineering at the Technical University in Zilina (Slovakia) from 1969–1974. As from 1984, she worked as a project engineer in the construction department of Bewag, later in the property planning department at Vattenfall Europe Berlin.

Gisa Wittig-Jensch was born in 1961; studied law and completed a legal clerkship in Berlin. Employed by Vattenfall Europe Berlin (Bewag) since 1996; in the property sphere since 1998; current head of the property planning department at Vattenfall Europe Berlin.

Impressum
Imprint

Herausgeber Editor
Hans Achim Grube

Ansprechpartner Contact
Vattenfall Europe AG
Bereich Immobilien
Chausseestraße 23
10115 Berlin

Hans Achim Grube
Telefon: +49(0)30 - 267 105 40
Telefax: +49(0)30 - 267 105 42
hans-achim.grube@vattenfall.de

Konzept Concept
Hans Achim Grube

Umsetzung und Redaktion Realisation and Editing
Thorsten Dame
Andreas Dierkes
Philipp Latinak
Anita Schlögl

Übersetzung Translation
Lucinda Rennison, Berlin

Gestaltung und Satz Design and Setting
Laufwerk B

Druck und Bindung Printing and Binding
GCC Grafisches Centrum Cuno, Calbe

Bibliografische Information der Deutschen Bibliothek
Die Deutsche Bibliothek verzeichnet diese Publikation in der Deutschen Nationalbibliografie; detaillierte bibliografische Daten sind im Internet über http://dnb.ddb.de abrufbar.

Bibliographic information published by Die Deutsche Bibliothek
Die Deutsche Bibliothek lists this publication in the Deutsche Nationalbibliografie; detailed bibliographic data are available in the Internet at http://dnb.ddb.de

jovis Verlag
Kurfürstenstraße 15/16
10785 Berlin

www.jovis.de

ISBN 978-3-939633-27-3

Bildquellen Picture Credits

Titelbild
Synagoge von Christian Gahl, Berlin
Umspannwerk Uklei von Christoph Harder, Berlin

Die Veröffentlichung der Übersichtskarte von Berlin 1:200 000, Ausgabe 2006 auf Seite 2 wurde vervielfältigt mit freundlicher Erlaubnis der Senatsverwaltung für Stadtentwicklung von Berlin, vom 09.07.2007.

Kornelia August
35, 36, 61, 62 (oben, rechts)

Michael Bias
57, 58

Andreas Dierkes
24, 26, 39, 41, 47, 53, 55, 62 (oben, links und unten), 63, 71 (oben, links und unten), 73, 75 (oben, links und unten), 89, 91 (oben, links, Mitte und unten), 94 (unten), 97, 99 (oben, rechts), 101–105, 117–125

Max Dudler
9

Britta Eisemann
67 (oben, rechts)

Christian Gahl, Berlin
29, 31, 33 (unten)

Hans Achim Grube
13 (links), 15

Christoph Harder, Berlin
49, 51, 59, 67 (oben, links und unten), 69, 77–83, 87, 93, 94 (oben), 98, 99 (oben, links und unten), 108, 109 (oben), 115, 116

Landesarchiv Berlin
90

Philipp Latinak
Zeichnungen Seiten 2, 31, 32, 35, 36, 39, 40, 43, 44, 49, 50, 53, 54, 57, 58, 61, 62, 65, 66, 69, 70, 73, 74, 77, 78, 81, 82, 85, 86, 89, 90, 93, 94, 97, 98, 101, 102, 105, 107, 108, 111, 112, 115, 116, 119, 120

Stefan Müller
7, 11, 27, 45

Northor
10

SP-Project, Moskau
33 (oben)

Vattenfall Archiv
5, 8, 13 (oben), 17–23, 25, 40, 43, 54 (historische Pläne), 65, 71 (oben, rechts), 75 (oben, rechts), 85, 91 (oben, rechts), 95, 107, 109 (unten), 111–113